高等职业教育公共基础课通用教材

应用数学基础任务手册

主　编　王迎春　郑玉敏
副主编　赵　鑫　王胜男　董　莹
参　编　王德才　王笑南

北京理工大学出版社
BEIJING INSTITUTE OF TECHNOLOGY PRESS

版权专有　侵权必究

图书在版编目（CIP）数据

应用数学基础：含任务手册 / 王迎春，郑玉敏主编.
北京：北京理工大学出版社，2024. 6.
ISBN 978 - 7 - 5763 - 4203 - 1

Ⅰ. O29

中国国家版本馆 CIP 数据核字第 2024UF1883 号

责任编辑：江　立	文案编辑：江　立
责任校对：周瑞红	责任印制：施胜娟

出版发行 / 北京理工大学出版社有限责任公司
社　　址 / 北京市丰台区四合庄路 6 号
邮　　编 / 100070
电　　话 / （010）68914026（教材售后服务热线）
　　　　　（010）68944437（课件资源服务热线）
网　　址 / http://www.bitpress.com.cn

版 印 次 / 2024 年 6 月第 1 版第 1 次印刷
印　　刷 / 河北盛世彩捷印刷有限公司
开　　本 / 787 mm × 1092 mm　1/16
印　　张 / 12.25
字　　数 / 279 千字
总 定 价 / 39.80 元

图书出现印装质量问题，请拨打售后服务热线，负责调换

目 录

第一章　函数任务单 ·· 1

第二章　极限与连续任务单 ·· 5

第三章　导数与微分任务单 ·· 10

第四章　导数的应用任务单 ·· 14

第五章　不定积分任务单 ··· 18

第六章　定积分及其应用任务单 ·· 22

第七章　微分方程及其应用任务单 ··· 26

第一章 函数任务单

姓名		班级		学号	
知识点	函数					
任务得分	课上任务（20分）	课堂练习（40分）		课后任务（40分）		成绩

课上任务 20分

1. 掌握平面直角坐标系和角的相关知识；
2. 掌握函数定义域、表达形式及函数基本特性；
3. 掌握初等函数的性质，了解反三角函数；
4. 掌握常见的经济函数的表达形式及应用.

课堂练习 40分

1. 求出下列函数的定义域.

   $y = \sqrt{x+2} + \dfrac{1}{1-x^2}$ （2） $y = \sqrt{x-1} + \dfrac{1}{x-2} + \lg(4-x)$

2. 已知函数 $f(x) = \begin{cases} x+1 & x \in (0, +\infty) \\ 1, & x = 0 \\ -x+1 & x \in (-\infty, 0) \end{cases}$，求 $f(-1), f(0), f\left(\dfrac{1}{2}\right)$ 的值？

3. 已知 $f(x) = \begin{cases} \sin x, & -2 < x < 0 \\ 0, & 0 \leq x < 2 \end{cases}$，求 $f\left(-\dfrac{\pi}{4}\right), f\left(\dfrac{\pi}{2}\right)$ 的值？

课堂练习 40 分

4. 判断下列函数的奇偶性.

(1) $y = \dfrac{1}{2}(e^x + e^{-x})$

(2) $y = \lg \dfrac{1+x}{1-x}$

5. 求下列函数的反函数.

(1) $y = 2x - 3$

(2) $y = \sqrt[3]{x+1}$

6. 下列函数是由哪些简单函数复合而成的?

(1) $y = \sqrt{1 + \sin^2 x}$

(2) $y = \ln(1 + \sqrt{x^3 + 1})$

(3) $y = \cos^2(\sqrt{x} + 1)$

(4) $y = \arctan(\ln x)$

课后任务完成 40 分

1. 求下列函数的定义域.

(1) $f(x) = \dfrac{1}{\ln|x-2|}$

(2) $y = \sqrt{\lg\dfrac{5x-x^2}{4}}$

2. 函数的应用

(1) 已知某快递公司的快件收费标准为：不超过 10 千克按 8 元计算；超过 10 千克，超重部分按照每千克收取 3 元费用，但超重不超过 50 千克. 试列出该快递公司快件的运费与快件重量之间的函数关系，写出函数的定义域，并求出所送快件重量分别为 10 千克和 50 千克的运费.

(2) 某村电费收取有以下两种方案供农户选择：

方案一：每户每月收取管理费 2 元，月用电量不超过 30 度时，每度 0.5 元；超过 30 度，超过部分按每度 0.6 元收取；

方案二：不收取管理费，每度 0.58 元.

①求方案一的收费 $L(x)$（元）与用电量 x（度）间的函数关系.

②老王家九月份按方案一交费 35 元，问老王家该月用电多少度？

③老王家该月用电量在什么范围内，选择方案一比选择方案二好？

拓展笔记：

第二章 极限与连续任务单

姓名		班级		学号	
知识点	极限与连续					
任务得分	课上任务（20分）	课堂练习（40分）	课后任务（40分）		成绩

课上任务 20分

1. 理解数列极限与函数极限的概念；
2. 掌握极限的四则运算法则，理解无穷大与无穷小的概念；
3. 会用适当的方法求极限；
4. 理解函数连续的概念，能判断间断点的类型.

课堂练习 40分

1. 填空题.

(1) 若 $\lim\limits_{x \to x_0} f(x) = A$，则 $f(x)$ 和 A 的关系是_____.

(2) 若 $\lim\limits_{x \to x_0^-} f(x) = f(x_0)$ 且 $\lim\limits_{x \to x_0^+} f(x) = f(x_0)$，则 $\lim\limits_{x \to x_0} f(x) =$ _____.

(3) 若 $x \to 0$ 时，无穷量 $1 - \cos x$ 与 mx^n 等价，则 $m =$ _____，$n =$ _____.

(4) 若 $f(x) = \begin{cases} 5e^{2x} & x < 0 \\ 3x + a & x \geq 0 \end{cases}$ 在 $x = 0$ 处连续，则 $a =$ _____.

(5) 函数 $f(x) = \dfrac{1}{x^2 - 1}$ 的间断点是_____.

(6) 如果 $\lim\limits_{x \to 0} \dfrac{3\sin mx}{2x} = \dfrac{2}{3}$，则 $m =$ _____.

(7) $\lim\limits_{x \to \infty} \left(\dfrac{n - 7}{2n + 1} \right)^2 =$ _____.

(8) $\lim\limits_{x \to \infty} \dfrac{1}{x} \sin x =$ _____.

(9) $\lim\limits_{x \to \infty} \left(\dfrac{1 + 2 + \cdots + n}{n} - \dfrac{n}{2} \right) =$ _____.

(10) 当 $x \to ($ $)$ 时，$y = \dfrac{x^2 - 1}{x(x - 1)}$ 是无穷大.

(11) 函数 $f(x) = \begin{cases} x^2 + 1 & x > 0 \\ x - 1 & x \leq 0 \end{cases}$ 的间断点是_____.

2. 选择题.

(1) 若 $\lim\limits_{x\to 2^+}f(x) = \lim\limits_{x\to 2^-}f(x) = A$，则（　　）.

A. $f(2) = A$　　　　　　　　　　B. $\lim\limits_{x\to 2}f(x) = A$

C. $f(x)$ 在 $x=2$ 有定义　　　　　D. $f(x)$ 在 $x=2$ 连续

(2) 设 $f(x) = \dfrac{|x|}{x}$，则 $\lim\limits_{x\to 0}f(x) = $（　　）

A. 1　　　　　　　　　　　　　B. -1

C. 0　　　　　　　　　　　　　D. 不存在

(3) 若 $f(x)$ 在 $[a,b]$ 上连续，且（　　）时，则 $f(x)=0$ 在 (a,b) 内至少有一个实数根.

A. $f(a) = f(b)$　　　　　　　　　B. $f(a) \neq f(b)$

C. $f(a)f(b) < 0$　　　　　　　　　D. $f(a)f(b) > 0$

(4) 设函数 $f(x) = \begin{cases} x-1 & x \leq 0 \\ x^2 & x > 0 \end{cases}$，则 $\lim\limits_{x\to 0}f(x) = $（　　）.

A. 1　　　　　　　　　　　　　B. -1

C. 0　　　　　　　　　　　　　D. 不存在

(5) 当 $x\to 0$ 时，下列的无穷小量中，与 x 等价的函数是（　　）.

A. $\tan 3x$　　　　　　　　　　B. $\sin 2x$

C. $\ln(1+x)$　　　　　　　　　D. x^2

(6) 函数 $f(x)$ 在 x_0 处左右连续是 $f(x)$ 在 x_0 处连续的（　　）.

A. 充分不必要条件　　　　　　　B. 必要不充分条件

C. 充分必要条件　　　　　　　　D. 非充分非必要条件

(7) 下列极限存在的是（　　）.

A. $\lim\limits_{x\to 0}e^{\frac{1}{x}}$　　　　　　　　　　B. $\lim\limits_{x\to 0}\dfrac{1}{2^x-1}$

C. $\lim\limits_{x\to 0}\sin\dfrac{1}{x}$　　　　　　　　　D. $\lim\limits_{x\to\infty}\dfrac{x(x+1)}{x^2}$

(8) 若 $f(x) = \begin{cases} x^2+2x-2 & x \leq 1 \\ 2x & 1 < x \leq 2 \\ \dfrac{x^2-4}{x-2} & x > 2 \end{cases}$，则有（　　）

A. $f(x)$ 在 $x=1$，$x=2$ 处间断

B. $f(x)$ 在 $x=1$，$x=2$ 连续

C. $f(x)$ 在 $x=1$ 处间断，在 $x=2$ 处连续

D. $f(x)$ 在 $x=1$ 处连续，在 $x=2$ 处间断

课堂练习 40分

1. 设函数 $f(x)=\begin{cases}x^2+1, & x<0 \\ x, & x>0\end{cases}$ 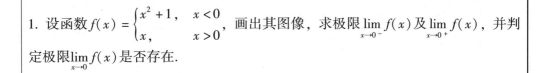，画出其图像，求极限 $\lim\limits_{x\to 0^-}f(x)$ 及 $\lim\limits_{x\to 0^+}f(x)$，并判定极限 $\lim\limits_{x\to 0}f(x)$ 是否存在.

2. 求下列极限.

(1) $\lim\limits_{x\to 0}\sin x\cos\dfrac{1}{x}$

(2) $\lim\limits_{x\to\infty}\dfrac{\sin x}{x}$

3. 求下列的极限.

(1) $\lim\limits_{x\to 2}\dfrac{x^2+4}{x+2}$

(2) $\lim\limits_{x\to 4}\dfrac{x^2-16}{x-4}$

(3) $\lim\limits_{x\to 1}\left(\dfrac{2}{1-x^2}-\dfrac{1}{1-x}\right)$

(4) $\lim\limits_{x\to 0}\dfrac{\sqrt{1+x}-\sqrt{1-x}}{x}$

(5) $\lim\limits_{x\to+\infty}\dfrac{3x^3-4x^2+2}{1+x^3}$

(6) $\lim\limits_{x\to\infty}\dfrac{x^4+2x-3}{x^3-x^2+1}$

(7) $\lim\limits_{x\to 0}\dfrac{1-\cos 2x}{x\sin x}$

(8) $\lim\limits_{x\to 0}\dfrac{\tan 3x}{\sin x}$

(9) $\lim\limits_{x\to\infty}\left(1+\dfrac{2}{x}\right)^x$

(10) $\lim\limits_{x\to\infty}\left(1-\dfrac{1}{x}\right)^x$

(11) $\lim\limits_{x\to\infty}\left(\dfrac{x+2}{x}\right)^{x+3}$

(12) $\lim\limits_{x\to\infty}\left(\dfrac{2x+3}{2x+1}\right)^{x+1}$

课后任务完成 40 分

4. 求函数 $f(x)=\begin{cases} x^2+1 & x>0 \\ x-1 & x\leq 0 \end{cases}$ 的间断点？

5. 证明：方程 $x^5-3x=1$ 在区间 （1,2）中至少有一个实根.

拓展笔记：

第三章 导数与微分任务单

姓名		班级		学号	
知识点	\multicolumn{5}{c}{导数与微分}				
任务得分	课上任务（20分）	课堂练习（40分）	课后任务（40分）	成绩	

课上任务 20分	1. 了解导数的定义及几何意义，了解可导与连续的关系； 2. 掌握导数的四则运算法则和基本初等函数求导公式； 3. 会求比较复杂的函数的导数； 4. 理解微分的概念及几何意义，会求函数的微分，了解微分的近似计算及其应用.
课堂练习 40分	1. 填空题. （1）$(C)' = $ _____ （2）$(x^\mu)' = $ _____ （3）$(\log_a x)' = $ _____ （4）$(\ln x)' = $ _____ （5）$(a^x)' = $ _____ $(a>0, a \neq 1)$ （6）$(e^x)' = $ _____ （7）$(\sin x)' = $ _____ （8）$(\cos x)' = $ _____ （9）$(\tan x)' = $ _____ （10）$(\cot x)' = $ _____ （11）$(\arcsin x)' = $ _____ （12）$(\arccos x)' = $ _____ （13）$(\arctan x)' = $ _____ （14）$(\operatorname{arccot} x)' = $ _____ 2. 导数的几何意义是_____. 3. 函数 $y=f(x)$ 在点 x_0 处可导是在该点连续的_____. 4. 设曲线 $y=x^2-x$ 上点 M 处的切线的斜率为1，则点 M 的坐标为_____. 5. 曲线 $y=x^{\frac{3}{2}}$ 上哪一点的切线与直线 $y=3x-1$ 平行？

6. 求下列各函数的导数.

(1) $y = \dfrac{x}{2} - \dfrac{2}{x}$;

(2) $y = x^2 \cos x$;

(3) $y = \dfrac{\cos x}{x^2}$;

(4) $y = e^x \sin x \cdot \lg x$;

(5) $y = x^2 \sin x$

(6) $y = \dfrac{1}{x + \cos x}$

(7) $y = (x^3 - x)^6$

(8) $y = \ln(x^2 + \cos x)$

(9) $y = x \ln x + \dfrac{\ln x}{x}$

(10) $y = \dfrac{1 - \ln x}{1 + \ln x}$

7. 求列函数的二阶导数.

(1) $y = x \ln x$

(2) $y = \sin(x^2 + 1)$

课后任务完成 40 分

1. 求下列函数的导数.

(1) $y^3 + x^3 - 3xy = 0$

(2) $xy = e^{x+y}$

(3) $x^y = y^x$

(4) $y = (\sin x)^{\cos x} (\sin x > 0)$

2. 微分的几何意义是_____.

3. 求下列函数的微分.

(1) $y = \ln \sin \dfrac{x}{2}$

(2) $y = \dfrac{e^{2x}}{x}$

(3) $y = \ln^2(1-x)$

(4) $2y - x = \sin y$

4. 求下列函数的 n 阶导数 $y^{(n)}$：$y = xe^x$.

拓展笔记：

第四章 导数的应用任务单

姓名		班级		学号	
知识点			导数的应用		
任务得分	课上任务（20分）	课堂练习（40分）		课后任务（40分）	成绩
课上任务 20分	1. 了解微分中值定理内容； 2. 会用洛必达法则求极限； 3. 掌握函数单调性、极值、最值、凹凸区间和拐点的判定方法； 4. 能够利用导数相关知识求解经济领域中的一些实际问题.				
课堂练习 40分	1. 设函数 $y=f(x)$ 在 x_0 处可导，且 $f'(x_0)>0$，则曲线 $y=f(x)$ 在点 $(x_0,f(x_0))$ 处切线的倾斜角是（　　） A. 0　　　　　　B. $\dfrac{\pi}{2}$　　　　　　C. 锐角　　　　　　D. 钝角 2. 函数 $y=x-\ln(1+x)$ 的单调减少区间是（　　） A.（$-\infty,-1$）；　　　　　　B.（$-1,0$） C.（$0,+\infty$）　　　　　　D.（$-1,+\infty$） 3. 函数 $y=-x^2+6x-4$ 的最大值是（　　） A. 2　　　　B. 5　　　　C. 4　　　　D. 1 4. 求下列函数的极限. （1）$\lim\limits_{x\to 0}\dfrac{e^x-e^{-x}}{\sin x}$　　　　　　（2）$\lim\limits_{x\to 0}\left(\dfrac{1}{x}-\dfrac{1}{e^x-1}\right)$ 5. 求下列函数的单调区间和极值. （1）$y=4x^3-3x^2-6x+2$　　　　　　（2）$y=2x^3-3x^2-12x+21$				

课后任务完成 40分

1. 已知某厂生产 x 件产品的成本为 $C = 25\,000 + 200x + \dfrac{1}{40}x^2$，若产品的单价为 500 元，要使利润最大，产量应为多少？

2. 某产品生产 X 单位产品的总成本为 $c(x) = \dfrac{1}{12}x^3 - 5x^2 + 170x + 300$，每单位产品的价格是 134 元，求使利润最大的产量及最大利润额.

3. 某厂生产的产品，固定成本为 200 元，每多生产一个单位产品，成本增加 10 元，设该产品的需求函数 $Q = 50 - 2P$，求 Q 为多少时，利润最大？

4.（面积最大模型）有一块宽 $2a$ 的长方形铁片，将它的两个边缘向上折起成一开口水槽，使其横截面为一矩形，矩形高为 x，问 x 取何值时，水槽的截面积最大.

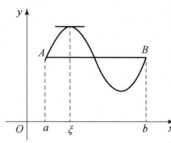

5.（材料最省模型）某工厂要做一批容积为 V 的有盖桶，求最省料的形状.

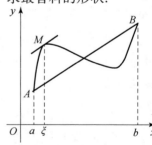

课后任务完成 40 分

拓展笔记：

第五章 不定积分任务单

姓名		班级		学号	
知识点	不定积分				
任务得分	课上任务（20分）	课堂练习（40分）	课后任务（40分）		成绩

课上任务 20分	1. 理解原函数、不定积分的概念； 2. 熟记不定积分基本公式、性质和几何意义； 3. 掌握求积分的几种主要方法——直接积分法、换元积分法和分部积分法； 4. 会计算一些有理式的不定积分.
课堂练习 40分	1. 填空. （1）$\int k\,\mathrm{d}x = $ _____ （2）$\int x^\mu \,\mathrm{d}x = $ _____ （3）$\int \dfrac{\mathrm{d}x}{x} = $ _____ （4）$\int a^x \,\mathrm{d}x = $ _____ $(a>0, a\neq 1)$ （5）$\int \mathrm{e}^x \,\mathrm{d}x = $ _____ （6）$\int \sin x\,\mathrm{d}x = $ _____ （7）$\int \cos x\,\mathrm{d}x = $ _____ （8）$\int \csc^2 x\,\mathrm{d}x = \int \dfrac{1}{\sin^2 x} = $ _____ （9）$\int \sec^2 x\,\mathrm{d}x = \int \dfrac{1}{\cos^2 x} = $ _____ （10）$\int \dfrac{\mathrm{d}x}{\sqrt{1-x^2}} = $ _____ $=$ _____ （11）$\int \dfrac{\mathrm{d}x}{1+x^2} = $ _____ $=$ _____ 2. 不定积分的几何意义是 _____ . 3. 求下列不定积分. （1）$\int \dfrac{\mathrm{d}x}{x^2 \sqrt{x}}$ （2）$\int \left(\dfrac{2}{1+x^2} - \dfrac{3}{\sqrt{1-x^2}}\right)\mathrm{d}x$

课堂练习 40分	(3) $\int x^7 dx$ (4) $\int (10^x + e^x) dx$ (5) $\int (2^x + \sec^2 x) dx$ (6) $\int \dfrac{x^2}{1+x^2} dx$
课后任务完成 40分	1. 已知曲线上任一点的切线斜率等于该点处横坐标平方的3倍，且过点 (0,1)，求此曲线的方程. 2. 利用换元积分法求下列不定积分. (1) $\int \cos 4x \, dx$ (2) $\int (2x-1)^5 dx$ (3) $\int \dfrac{x}{1+x^2} dx$ (4) $\int e^x \sin e^x \, dx$ (5) $\int \dfrac{dx}{x\sqrt{x-1}}$ (6) $\int \dfrac{dx}{\sqrt{x}(x+1)}$

3. 利用分部积分法求下列不定积分.

(1) $\int x e^x dx$　　　　　　　　(2) $\int x \sin x dx$

(3) $\int \arctan x dx$　　　　　　(4) $\int e^x \cos x dx$

4. 在积分曲线族 $y = \int 5x^2 dx$ 中，求通过点 $(\sqrt{3}, 5\sqrt{3})$ 的曲线.

5. 已知一个函数的导数为 $2x+1$，且 $x=1$ 时，$y=7$，求这个函数.

拓展笔记：

第六章 定积分及其应用任务单

姓名		班级		学号	
知识点	定积分及其应用				
任务得分	课上任务（20分）	课堂练习（40分）		课后任务（40分）	成绩

课上任务 20分	1. 理解定积分的概念及其基本性质； 2. 会运用牛顿—莱布尼茨公式求定积分； 3. 熟练掌握定积分的换元积分法和分部积分法； 4. 掌握定积分在几何和物理方面的应用.
课堂练习 40分	1. 定积分在几何图形上代表意义是_____. 2. 牛顿–莱布尼茨公式是_____. 3. 用定积分的几何意义计算下列定积分： （1）$\int_1^2 \mathrm{d}x$　　　　　　　（2）$\int_1^2 x\mathrm{d}x$ 4. 将由 $y=\sin x$，$x=\dfrac{\pi}{2}$，$y=0$ 围成图形的面积写成定积分的形式. 5. 估计下列积分的值： （1）$\int_0^1 \mathrm{e}^x \mathrm{d}x$；　　　　　（2）$\int_1^4 (x^3+1)\mathrm{d}x$

课堂 练习 40分	6. 求下列函数的导数： （1）$\left(\int_3^x t^2 \ln t \sqrt{\cos t^3}\,dt\right)'_x$； （2）$\left(\int_0^x \sin t^2(\sqrt{t^3+1}+\ln t)\,dt\right)'_x$.
课后 任务 完成 40分	1. 计算下列定积分. （1）$\int_0^1 x^2\,dx$ （2）$\int_1^e x\ln x\,dx$ （3）$\int_{\frac{1}{e}}^e \dfrac{(\ln x)^2}{x}\,dx$ （4）$\int_0^1 x\arctan x\,dx$ 2. 已知函数 $f(x)=\begin{cases} x^2+1, & 0\leq x \leq 1 \\ x+1, & -1 \leq x < 0 \end{cases}$ 求 $\int_{-1}^1 f(x)\,dx$. 3. 求由抛物线 $y=x^2$ 与 $y^2=x$ 所围成的图形的面积.

	4. 求由抛物线 $y=x^2$ 与直线 $x=1$，$x=2$，x 轴所围成的图形的面积.
课后任务完成 40 分	5. 求由抛物线 $y^2=2x$ 与直线 $y=x-4$ 所围成的图形的面积.
	6. 油类通过油管时，中间流速大，靠近管壁处流速小，实验测定：某处的流速 v 与该处与管子中心距离 r 之间关系为：$v=k(a^2-r^2)$（a 是油管的半径），试用微元法求通过油管的流量 Q.

拓展笔记：

第七章 微分方程及其应用任务单

姓名		班级		学号	
知识点		微分方程及其应用			
任务得分	课上任务（20分）	课堂练习（40分）		课后任务（40分）	成绩

课上任务 20分	1. 了解微分方程的基本概念； 2. 掌握可分离变量微分方程的解法； 3. 掌握可降阶的高阶微分方程的解法； 4. 掌握二阶常系数线性微分方程的性质，以及齐次微分方程和非齐次微分方程的解法.
课堂练习 40分	1. 验证下列函数是否为所给方程的解，如果是解指明是通解还是特解. （1） $y'' - \dfrac{1}{x}y' + \dfrac{2y}{x^2} = 0$，$y = C_1 x + C_2 x^2$ （2） $y'' + 3y' - 10y = 2x$，$y = -\dfrac{x}{5} + \dfrac{3}{10}$ 2. 验证 $y = Cx^3$ 是微分方程 $3y - xy' = 0$ 的通解，并求满足初始条件 $y\big|_{x=1} = 2$ 的特解.

3. 求下列可分离变量的微分方程的通解.

(1) $y' = 2xy$　　　　　　　　(2) $2x\sin y\,dx + (x^2+3)\cos y\,dy = 0$

4. 求下列一阶线性微分方程的通解或满足初始条件的特解.

(1) $y' = \dfrac{y}{x} + \ln x$　　　　　(2) $y' + y = e^x$

(3) $x\dfrac{dy}{dx} - 3y = x^5 e^x$, $y\big|_{x=1} = 2$

5. 求下列微分方程的通解.

(1) $y''' = xe^x$　　　　　　　(2) $y''' = x + \sin x$

课后任务完成 40 分

1. 求下列微分方程的特解.

(1) $y'' + y'^2 = 0$，$y|_{x=0} = 0$，$y'|_{x=0} = 1$

(2) $(1+x^2)y'' = 2xy'$，$y|_{x=0} = 0$，$y'|_{x=0} = 3$

2. 求下列微分方程的通解.

(1) $y'' - 6y' + 8y = 0$

(2) $y'' - 6y' + 9y = 0$

(3) $y'' + 5y' - 6y = 0$

(4) $y'' - 4y' + 13y = 0$

3. 求下列微分方程满足初始条件的特解.

(1) $y'' - 5y' + 6y = 0$, $y|_{x=0} = -1$, $y'|_{x=0} = 0$

(2) $y'' - 3y' - 4y = 0$, $y|_{x=0} = 0$, $y'|_{x=0} = -5$

(3) $4y'' + 4y' + y = 0$, $y|_{x=0} = 2$, $y'|_{x=0} = 0$

4. 给定一阶微分方程 $\dfrac{dy}{dx} = 3x$

(1) 求它的通解;
(2) 求过点 (2,5) 的特解;
(3) 求出与直线 $y = 2x - 1$ 相切的曲线方程.

拓展笔记：

高等职业教育公共基础课通用教材

应用数学基础

主　编　王迎春　郑玉敏
副主编　赵　鑫　王胜男　董　莹
参　编　王德才　王笑南

北京理工大学出版社
BEIJING INSTITUTE OF TECHNOLOGY PRESS

版权专有 侵权必究

图书在版编目(CIP)数据

应用数学基础：含任务手册 / 王迎春, 郑玉敏主编.
北京：北京理工大学出版社, 2024.6.
ISBN 978-7-5763-4203-1

Ⅰ.O29

中国国家版本馆 CIP 数据核字第 2024UF1883 号

责任编辑：江　立　　　**文案编辑**：江　立
责任校对：周瑞红　　　**责任印制**：施胜娟

出版发行 / 北京理工大学出版社有限责任公司
社　　址 / 北京市丰台区四合庄路 6 号
邮　　编 / 100070
电　　话 / (010) 68914026（教材售后服务热线）
　　　　　 (010) 68944437（课件资源服务热线）
网　　址 / http://www.bitpress.com.cn

版 印 次 / 2024 年 6 月第 1 版第 1 次印刷
印　　刷 / 河北盛世彩捷印刷有限公司
开　　本 / 787 mm × 1092 mm　1/16
印　　张 / 12.25
字　　数 / 279 千字
总 定 价 / 39.80 元

图书出现印装质量问题，请拨打售后服务热线，负责调换

前　言

"高等数学"是高职院校各专业学生一门重要的公共基础课. 近几年, 随着高职院校招生制度改革的不断深入, 高职院校招生形式日趋多样化, 以自主招生、订单招生等方式所录取的学生比例越来越大. 学生来自中专、中职、技校或者社会, 他们数学基础知识欠缺, 而大多数《高等数学》教材针对的是普通高中的高中生, 鉴于以上情况, 本书在编写上侧重数学知识的应用, 以"应用"为目的, 以"必需、够用"为原则, 重点培养学生的逻辑思维、应用能力和创新思维能力.

本书根据教育部《高职高专类高等数学课程教学基本要求》的编写标准, 以教育部《高等职业学校数学课程教学大纲》为指导, 以党的二十大精神为指引, 按照"加强基础、培养能力、重视应用"的方针, 精心选材. 根据高职高专类各专业学生的实际需求及相关课程的设置次序, 对传统的教学内容在结构和内容上做了合理调整, 使之更适合高等数学课程的教学理念和教学内容的改革趋势. 本教材充分汲取多年来的教学实践经验和教学改革成果, 以培养学生的专业素质为目的, 在抓好基础课的同时, 注重与专业知识的衔接, 让学生学有所长、学以致用, 为培养有理想、有情怀、有素质、有能力的高水平技能型人才服务. 本教材有如下特色:

（1）本教材以"应用"为目的, "必需、够用"为原则. 强调高等数学的基本计算和应用, 弱化证明, 选取大量案例, 引导学生在解决任务中学习知识, 掌握理论, 激发学生的学习兴趣.

（2）在内容编排上注重与初等数学的有效衔接. 教材增加必要的函数部分基础知识, 让学生对高中数学知识（函数部分）进行系统复习, 以便于学生能够顺利进入后续的学习.

（3）强调专业对接和分级教学. 编者深入各专业进行调研, 设置不同梯度、不同的与专业结合的练习题, 既满足各专业基础数学的需要, 又为部分专业有专升本意愿的同学提供学习指导. 同时, 本教材邀请企业人员参与编写, 为本教材提供宝贵意见.

（4）全书注重课程素质培养. 党的二十大报告中指出"我们要坚持教育优先发展、科技自立自强、人才引领驱动, 加快建设教育强国、科技强国、人才强国, 坚持为党育人、为国育才, 全面提高人才自主培养质量, 着力造就拔尖创新人才, 聚天下英才而用之."本书编写团队紧扣二十大精神, 围绕育人目标, 在适当的章节结合教学内容增加相关的素质培养元素, 在培养学生逻辑思维的同时加强对学生思想道德素质的培养.

本教材由黑龙江生态工程职业学院王迎春负责总体规划, 编写第二章、第七章, 并对本书初稿进行过一次修改; 黑龙江生态工程职业学院郑玉敏编写第三章、第六章; 黑龙江生态工程职业学院赵鑫编写第一章, 并对全书习题进行了演算; 黑龙江生态工程职业学院王胜男编写第五章，并编写章后数学家故事；黑龙江生态工程职业学院董莹编写第四章；黑龙江农业职业技术学院王德才验算了所有的习题答案；黑龙江省第六建筑工程有限责任公司王笑南为本书部分案例提供了宝贵意见．由于编者水平有限，书中不足和考虑不周之处在所难免，我们期望得到广大专家、同行和读者的批评指正，使本书在教学实践中不断完善．

编　者

2024 年 4 月

目 录 CONTENTS

第一章 函数 ·· 1
　第一节　平面直角坐标系与角 ··· 1
　　一、平面直角坐标系 ··· 1
　　二、角 ·· 2
　习题 1-1 ·· 3
　第二节　函数及相关概念 ·· 4
　　一、区间与邻域 ·· 4
　　二、函数的定义 ·· 5
　　三、函数的表示法 ·· 5
　习题 1-2 ·· 6
　第三节　函数的特性与运算 ··· 7
　　一、函数的特殊性 ·· 7
　　二、函数的运算 ·· 8
　习题 1-3 ·· 9
　第四节　幂函数、指数函数、对数函数 ·· 10
　　一、幂函数 ··· 10
　　二、指数函数 ··· 11
　　三、对数函数 ··· 12
　习题 1-4 ·· 13
　第五节　三角函数和反三角函数 ·· 13
　　一、三角函数 ··· 13
　　二、反三角函数 ··· 15
　习题 1-5 ·· 17
　第六节　初等函数 ·· 17
　　一、初等函数 ··· 17
　　二、应用举例 ··· 17
　习题 1-6 ·· 19
　第一章　复习题 ··· 20

第二章 极限与连续 ·· 22
　第一节　极限的概念 ··· 22

一、数列的极限 ………………………………………………………… 22
　　二、函数的极限 ………………………………………………………… 24
　　三、无穷小与无穷大 …………………………………………………… 26
　习题 2-1 …………………………………………………………………… 28
　第二节　极限的运算 ……………………………………………………… 28
　　一、极限的四则运算法则 ……………………………………………… 28
　　二、无穷小的比较 ……………………………………………………… 29
　习题 2-2 …………………………………………………………………… 30
　第三节　两个重要极限 …………………………………………………… 31
　习题 2-3 …………………………………………………………………… 33
　第四节　函数的连续性 …………………………………………………… 33
　　一、函数连续的概念 …………………………………………………… 33
　　二、函数的间断点 ……………………………………………………… 35
　　三、初等函数的连续性 ………………………………………………… 35
　　四、闭区间上连续函数的性质 ………………………………………… 36
　习题 2-4 …………………………………………………………………… 37
　第二章　复习题 …………………………………………………………… 38

第三章　导数与微分 ………………………………………………………… 41
　第一节　导数概念 ………………………………………………………… 41
　　一、引例 ………………………………………………………………… 41
　　二、导数的定义 ………………………………………………………… 42
　　三、导数的几何意义 …………………………………………………… 44
　　四、可导与连续的关系 ………………………………………………… 45
　习题 3-1 …………………………………………………………………… 45
　第二节　求导法则 ………………………………………………………… 46
　　一、导数的四则运算法则 ……………………………………………… 46
　　二、反函数的求导法则 ………………………………………………… 47
　　三、高阶导数 …………………………………………………………… 48
　习题 3-2 …………………………………………………………………… 48
　第三节　复合函数和隐函数求导法则 …………………………………… 49
　　一、复合函数求导法则 ………………………………………………… 49
　　二、隐函数求导法则 …………………………………………………… 50
　　三、对数求导法 ………………………………………………………… 50
　习题 3-3 …………………………………………………………………… 51
　第四节　微分及其应用 …………………………………………………… 52

一、微分的定义 52
　　二、微分的几何意义 53
　　三、微分公式和运算法则 53
　　四、微分在近似计算中的应用 54
　习题 3-4 55
　第三章 复习题 56

第四章 导数的应用 59
　第一节 微分中值定理 59
　习题 4-1 61
　第二节 洛必达法则 61
　　一、$\dfrac{0}{0}$ 型未定式的计算 61
　　二、$\dfrac{\infty}{\infty}$ 型未定式的计算 62
　　三、其他类型未定式的计算 63
　习题 4-2 64
　第三节 导数在研究函数性态中的应用 65
　　一、函数的单调性 65
　　二、函数的极值和最值 66
　　三、曲线的凹凸性和拐点 68
　习题 4-3 69
　第四节 导数在经济学中的应用 70
　　一、边际分析 70
　　二、弹性分析 71
　　三、最值分析 72
　习题 4-4 73
　第四章 复习题 74
　数学家故事 76
　　罗尔（Michel Rolle） 76
　　拉格朗日（Joseph–Louis Lagrange） 76
　　洛必达（L'Hospital） 77

第五章 不定积分 79
　第一节 不定积分的概念与性质 79
　　一、原函数与不定积分的概念 79
　　二、不定积分的性质和几何意义 81
　　三、不定积分的直接积分法 81
　习题 5-1 83

第二节　不定积分的换元积分法 ·· 84
　　　　一、第一类换元积分法 ·· 84
　　　　二、第二类换元积分法 ·· 87
　　习题 5 - 2 ·· 90
　　第三节　不定积分的分部积分法 ·· 91
　　习题 5 - 3 ·· 93
　　第四节　有理函数的不定积分 ·· 93
　　习题 5 - 4 ·· 95
　　第五章　复习题 ·· 95

第六章　定积分及其应用 ··· 97
　　第一节　定积分的概念与性质 ·· 97
　　　　一、定积分的概念 ·· 97
　　　　二、定积分的性质 ··· 100
　　习题 6 - 1 ··· 102
　　第二节　微积分基本公式 ·· 102
　　　　一、变上限的定积分 ·· 102
　　　　二、牛顿－莱布尼茨公式 ··· 103
　　习题 6 - 2 ··· 104
　　第三节　定积分的换元积分法与分部积分法 ······························· 104
　　　　一、定积分的换元积分法 ··· 104
　　　　二、定积分的分部积分法 ··· 106
　　习题 6 - 3 ··· 107
　　第四节　广义积分 ·· 107
　　习题 6 - 4 ··· 109
　　第五节　定积分的应用 ·· 109
　　　　一、定积分的微元法 ·· 109
　　　　二、定积分在几何中的应用 ·· 110
　　　　三、定积分在物理中的应用 ·· 115
　　习题 6 - 5 ··· 117
　　第六章　复习题 ··· 117
　　数学家故事 ·· 118
　　　　牛顿（Isaac Newton） ·· 118
　　　　莱布尼茨（Gottfried Wilhelm Leibniz） ··························· 119

第七章　微分方程及其应用 ·· 122
　　第一节　微分方程的基本概念 ·· 122

一、引例 ·· 122
　　二、微分方程的基本概念 ·· 123
习题 7–1 ·· 124
第二节　一阶微分方程 ·· 124
　　一、可分离变量的一阶微分方程 ··· 124
　　二、一阶线性微分方程 ·· 125
习题 7–2 ·· 127
第三节　可降阶的高阶微分方程 ·· 128
　　一、$y^{(n)}=f(x)$ 型的微分方程 ··· 128
　　二、$y''=f(x,y')$ 型的微分方程 ·· 129
　　三、$y''=f(y,y')$ 型的微分方程 ·· 129
习题 7–3 ·· 130
第四节　二阶常系数线性微分方程 ··· 130
　　一、二阶常系数线性微分方程解的性质 ··· 130
　　二、二阶常系数齐次线性微分方程的解法 ·· 131
　　三、二阶常系数非齐次线性微分方程的解法 ··· 132
习题 7–4 ·· 134
　第七章　复习题 ··· 135
　数学家故事 ··· 136
　　欧拉（Leonhard Euler） ··· 136
习题参考答案 ·· 138

第一章 函数

知识目标
1. 了解函数的定义和表示法,包括解析法、列表法、图像法.
2. 掌握函数的特性,包括单调性、奇偶性、有界性和周期性.
3. 掌握函数的运算法则.
4. 了解初等函数的性质,包括幂函数、指数函数、对数函数.
5. 掌握三角函数和反三角函数的性质与图像.

素质目标

函数概念随着数学的发展,不断地从具体到抽象、从特殊到一般,最终也不断得到严谨化和精确化的表达. 通过本章知识的学习要培养解决问题时由简单到复杂、由特殊到一般的化归思想;培养观察、探索问题的能力;培养全面分析、抽象和概括的能力.

函数是近代数学的基本概念之一,是客观世界中变量之间依存关系的反映,高等数学就是以函数为主要研究对象的一门学科. 本章我们将首先回顾和拓展函数的概念,为以后的学习奠定必要的基础.

第一节 平面直角坐标系与角

一、平面直角坐标系

1. 平面直角坐标系的概念

在平面"二维"内画两条互相垂直,并且有公共原点的数轴,简称直角坐标系,如图 1-1 所示. 平面直角坐标系有两个坐标轴,其中横轴为 x 轴,取向右为正方向;纵轴为 y 轴,取向上为正方向. 坐标系所在平面叫做坐标平面,两坐标轴的公共原点 O 叫做平面直角坐标系的原点. x 轴和 y 轴把坐标平面分成四个象限,右上面的叫做第一象限,其他三个部分按逆时针方向依次叫做第二象限、第三象限和第四象限. 象限以数轴为界,横轴、纵轴上的点及原点不属于任何象限. 一般情况下,x 轴和 y 轴取相同的单位长度.

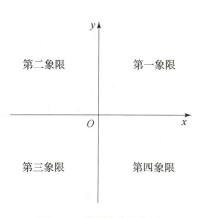

图 1-1 平面直角坐标系

2. 点的坐标

建立了平面直角坐标系后,对于坐标系平面内的任何一点,我们可以确定它的坐标. 反过来,对于任何一个坐标,我们可以在坐标平面内确定它所表示的一个点.

对于平面内任意一点 C,过点 C 分别向 x 轴、y 轴作垂线,垂足在 x 轴、y 轴上的对应点 a,b 分别叫做点 C 的横坐标、纵坐标,有序实数对 (a,b) 叫做点 C 的坐标.

一个点在不同的象限或坐标轴上,其坐标是不一样的.

注:第一象限还可以写成Ⅰ,第二象限还可以写成Ⅱ,第三象限还可以写成Ⅲ,第四象限还可以写成Ⅳ.

3. 特殊位置点坐标的特点

(1) x 轴上点的纵坐标为零;y 轴上点的横坐标为零.

(2) 第一、三象限角平分线上点的横、纵坐标相等;第二、四象限角平分线上点的横、纵坐标互为相反数.

(3) 在任意的两点中,如果两点的横坐标相同,则两点的连线平行于纵轴;如果两点的纵坐标相同,则两点的连线平行于横轴.

(4) 点到轴及原点的距离:

点到 x 轴的距离为 $|y|$;点到 y 轴的距离为 $|x|$;点到原点的距离为 x 的平方加 y 的平方再开根号,即 $\sqrt{x^2+y^2}$.

4. 平面直角坐标系中对称点的特点

(1) 关于 x 轴对称的点的坐标,横坐标相同,纵坐标互为相反数(横同纵反).

(2) 关于 y 轴对称的点的坐标,纵坐标相同,横坐标互为相反数(横反纵同).

(3) 关于原点对称的点的坐标,横坐标与横坐标互为相反数,纵坐标与纵坐标互为相反数(横纵皆反).

二、角

1. 任意角

角的静态定义:具有公共端点的两条射线组成的图形叫做角. 这个公共端点叫做角的顶点,这两条射线叫做角的两条边.

角的动态定义:一条射线绕着它的端点从一个位置旋转到另一个位置所形成的图形叫做角. 所旋转射线的端点叫做角的顶点,开始位置的射线叫做角的始边,终止位置的射线叫做角的终边.

角的符号为∠.

角的大小与边的长短没有关系,与角两条边张开的程度有关. 两边张开的越大,角就越大;相反,张开的越小,角就越小. 在动态定义中,角的大小取决于射线的旋转方向与角度.

2. 角的度量

（1）角度制

以度、分、秒为单位的角的度量制称为角度制．角度是把一个周角分为360等份，每一等份叫做1度．常用的角主要包括以下几种：

锐角：大于$0°$，而小于$90°$的角．

直角：等于$90°$的角．

钝角：大于$90°$而小于$180°$的角．

平角：等于$180°$的角．

周角：等于$360°$的角．

负角：按照顺时针方向旋转而成的角．

（2）弧度制

弧度是弧长和半径的比值，单位为 rad．

$$1 \text{ rad} = \frac{180°}{\pi} \approx 57.3°, \quad 1° = \frac{\pi}{180} \text{rad} \approx 0.017 \text{ rad}.$$

（3）角的运算

$$1° = 60', \quad 1' = 60''.$$

例1 计算 $180°00' - 26°30'$．

解 $\qquad 180°00' - 26°30' = 179°60' - 26°30' = 153°30'.$

例2 把 $25.7142857°$ 换算成度、分、秒．

解 $\qquad 25.7142857° = 25° + 0.7142857°,$

$\qquad 0.7142857° \times 60 = 42.857142' = 42' + 0.857142',$

$\qquad 0.857142' \times 60 = 51.42852'',$

所以，$\qquad 25.7142857° = 25°42'51.42852''.$

例3 把 $30°54'36''$ 换算成角度．

解 $\qquad 30° = 30°, 54' = 54'/60 = 0.9°, 36'' = 36''/3600 = 0.01°,$

所以，$\qquad 30°54'36'' = 30 + 0.9 + 0.01 = 30.91°.$

反过来，把 $30.91°$ 换算成度、分、秒．

$$30° = 30°$$

$$0.91° = 0.91 \times 60 = 54.6'（取整数）= 54',$$

取上式的小数部分：

$$0.6' = 0.6' \times 60 = 36'',$$

所以，$\qquad 30.91° = 30°54'36''.$

习题 1-1

1. 把 $28.315276°$ 换算成度、分、秒．
2. 把 $43°24'42''$ 换算成角度．

第二节 函数及相关概念

一、区间与邻域

1. 区间

区间是介于两个实数 a，$b(a<b)$ 之间的所有实数构成的集合．它是我们在中学已学过的基本概念，也是高等数学中使用较多的一类实数集，主要有以下几种形式，如表 1-1 所示．

表 1-1

分类	定义	名称	符号	数轴表示
有限区间	$\{x \mid a \leqslant x \leqslant b\}$	闭区间	$[a,b]$	
	$\{x \mid a < x < b\}$	开区间	(a,b)	
	$\{x \mid a \leqslant x < b\}$	左闭右开区间	$[a,b)$	
	$\{x \mid a < x \leqslant b\}$	左开右闭区间	$(a,b]$	
无限区间	$\{x \mid x \geqslant a\}$		$[a,+\infty)$	
	$\{x \mid x > a\}$		$(a,+\infty)$	
	$\{x \mid x \leqslant b\}$		$(-\infty,b]$	
	$\{x \mid x < b\}$		$(-\infty,b)$	
	$\{x \mid -\infty < x < +\infty\}$		$(-\infty,+\infty)$	

其中，a 和 b 都是确定的实数，且 $a<b$，它们分别称为区间的左端点和右端点．有限区间的左、右端点之间的距离 $b-a$ 称为区间的长度．

2. 邻域

设 a 和 δ 是两个实数，且 $\delta>0$，则满足不等式 $|x-a|<\delta$ 的一切实数 x 的全体称为点 a 的 δ 邻域，记为 $U(a,\delta)$，由于不等式 $|x-a|<\delta$ 相当于 $a-\delta<x<a+\delta$，因此
$$U(a,\delta)=\{x\mid a-\delta<x<a+\delta\}.$$

点 a 称为邻域的中心，δ 称为邻域的半径. 可见，点 a 的 δ 邻域实际上就是以点 a 为中心，长度为 2δ 的开区间 $(a-\delta,a+\delta)$.

若把邻域中心 a 去掉，则得到点 a 的去心 δ 邻域，记为 $\mathring{U}(a,\delta)$，即
$$\mathring{U}(a,\delta)=\{x\mid a-\delta<x<a+\delta, x\neq a\}.$$

二、函数的定义

定义 1.1 设 D 是一个数集，如果对于 D 中任意一个给定的 x，按照某种对应法则 f，都有唯一确定的值 y 与之对应，则称这种对应关系为函数关系或函数，记作
$$y=f(x), x\in D,$$
其中，x 称为自变量，D 称为定义域，y 称为因变量，与 x 值相对应的 y 值称为函数值，全体函数值的集合称为值域，记作 $\{y\mid y=f(x), x\in D\}$.

在函数的定义中，如果对于定义域内的任一个 x 值，对应的 y 值都是唯一的，则称 y 是 x 的单值函数，$x\to y$ 的对应法则 f 称为单值对应. 否则，称函数为多值函数，$x\to y$ 的对应法则 f 称为多值对应. 例如，反比例函数 $y=\dfrac{1}{x}$ 就是单值函数；而 $y=\pm\sqrt{1-x^2}$ 就是多值函数. 若无特别说明，本书中所说的函数都是指单值函数.

三、函数的表示法

常用的函数表示方法有三种，即解析法、列表法和图像法.

1. 解析法

解析法就是用数学表达式（等式）表示两个变量的函数关系，如 $y=x^2$. 解析法的优点是便于进行理论推导和函数性态的研究.

在实际应用中，如果变量之间的函数关系较为复杂，可以用几个式子表示，此时不能把它理解为几个函数，而应该理解为由几个式子表示的一个函数. 这样的函数称为分段函数. 分段函数的定义域是函数的各个定义域区间的并集.

例如，函数
$$f(x)=|x|=\begin{cases} x & x\geq 0 \\ -x & x<0 \end{cases}$$
的定义域是 $D=(-\infty,+\infty)$.

例 1 已知 $f(x)=\begin{cases} 2x+1 & x\geq 0 \\ x^2+4 & x<0 \end{cases}$，求 $f(-1), f(1), f(x-1)$.

解 $f(-1)=(-1)^2+4=5$,

$f(1)=2\times 1+1=3$,

$$f(x-1) = \begin{cases} 2(x-1)+1 & x-1 \geqslant 0 \\ (x-1)^2+4 & x-1 < 0 \end{cases},$$

即
$$f(x-1) = \begin{cases} 2x-1 & x \geqslant 1 \\ x^2-2x+5 & x < 1 \end{cases}.$$

例 2 已知 $f(x) = \begin{cases} x+1 & x \in (0, +\infty) \\ 1 & x = 0 \\ -x+1 & x \in (-\infty, 0) \end{cases}$,求 $f(-1)$,$f(0)$,$f\left(\dfrac{1}{2}\right)$.

解 $f(-1) = -(-1)+1 = 2$,$f(0)=1$,$f\left(\dfrac{1}{2}\right) = \dfrac{1}{2}+1 = \dfrac{3}{2}$.

例 3 已知 $f(x) = \begin{cases} 2\sqrt{x} & 0 \leqslant x \leqslant 1 \\ x+1 & x > 1 \end{cases}$,求 $f(0)$,$f(1)$,$f(2)$,$f(a)$.

解 $f(0) = 2\sqrt{0} = 0$,$f(1) = 2\sqrt{1} = 2$,$f(2) = 2+1 = 3$,

$$f(a) = \begin{cases} 2\sqrt{a} & 0 \leqslant a \leqslant 1 \\ a+1 & a > 1 \end{cases}.$$

例 4 设 $\varphi(x) = \dfrac{|x-1|}{x^2-1}$,求 $\varphi(0)$,$\varphi(a)$.

分析:此函数带有绝对值,所以求 $\varphi(a)$ 时要根据 a 的情况进行讨论.

解 $\varphi(0) = \dfrac{|0-1|}{0^2-1} = \dfrac{1}{-1} = -1$,

$$\varphi(a) = \dfrac{|a-1|}{a^2-1} = \begin{cases} \dfrac{1}{a+1} & a > 1 \\ -\dfrac{1}{a+1} & a < 1 \text{ 且 } a \neq -1 \end{cases}.$$

2. 列表法

列表法就是以表格形式列出两个变量的函数关系,如三角函数表、对数表等都是以这种方法表示函数的.列表法的优点是可以直接在表中查到某个变量的函数值.

3. 图像法

图像法就是用图形表示两个变量的函数关系,这种方法在科学研究和工程技术中应用较为普遍.图像法的优点是形象直观,可以看到函数的变化趋势.

习题 1-2

1. 设 $f(x) = \sqrt{x^2-x-6}$,求 $f(3)$,$f(-2)$,$f(-6)$,$f(x^2)$,$f(x+1)$.

2. 设 $f(x) = \dfrac{x}{\sqrt{1+x^2}}$,求 $f(f(x))$.

3. 设 $f(x) = x^2+9$,$g(x) = 4+\sqrt{x}$,求 $f(g(4))$.

4. 设 $f(x)=\begin{cases} 0 & x\leqslant 0 \\ x^2+1 & 0<x\leqslant 1 \\ 3-2x & 1<x\leqslant 6 \end{cases}$，求 $f(-3),f(-2),f(1),f\left(\dfrac{1}{2}\right),f(2),f(3)$.

5. 设 $f(x)=\begin{cases} x^2+x+1 & x\geqslant 0 \\ x^2+1 & x<0 \end{cases}$，求 $f(x^2)$.

第三节　函数的特性与运算

一、函数的特殊性

1. 函数的单调性

设函数 $y=f(x)$ 的定义域为 D，区间 $I\subset D$. 若对于区间 I 上任意两点 x_1 和 x_2，当 $x_1<x_2$ 时，恒有

$$f(x_1)<f(x_2),$$

则称函数 $f(x)$ 在区间 I 上是单调增加的，如图 1-2 所示；若对于区间 I 上任意两点 x_1 和 x_2，当 $x_1<x_2$ 时，恒有

$$f(x_1)>f(x_2),$$

则称函数 $f(x)$ 在区间 I 上是单调减少的，如图 1-3 所示.

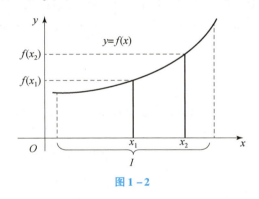

图 1-2

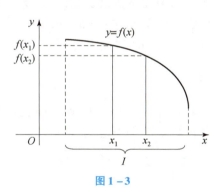

图 1-3

例如，函数 $f(x)=x^2$ 在区间 $[0,+\infty)$ 上是单调增加的，在区间 $(-\infty,0]$ 上是单调减少的. 若函数 $f(x)$ 在区间 I 上单调，则称区间 I 是函数 $f(x)$ 的单调区间.

单调增加的函数图形沿 x 轴正向逐渐上升，单调减少的函数图形沿 x 轴正向逐渐下降.

2. 函数的奇偶性

设函数 $y=f(x)$ 的定义域 D 关于原点对称，如果对于任一 $x\in D$，恒有

$$f(-x)=f(x),$$

则称 $f(x)$ 为偶函数. 如果对于任一 $x\in D$，恒有

$$f(-x)=-f(x),$$

则称 $f(x)$ 为奇函数.

例如，函数 $y=\cos x$ 和 $y=x^2$ 都是偶函数，而函数 $y=\sin x$ 和 $y=x^3$ 都是奇函数，但是函数 $y=a^x(a>0,a\neq 1)$ 和 $y=\log_a x(a>0,a\neq 1)$ 都既非偶函数，又非奇函数.

偶函数的图形关于 y 轴对称，奇函数的图形关于原点对称.

3. 函数的有界性

设函数 $y=f(x)$ 的定义域为 D，数集 $I\subset D$. 若存在一个正数 M，使对于一切 $x\in I$，恒有
$$|f(x)|\leq M,$$
则称函数 $f(x)$ 在 I 上有界，或称 $f(x)$ 是 I 上的有界函数. M 称为 $f(x)$ 在 I 上的一个界，显然，有界函数的界不是唯一的.

例如，函数 $y=\sin x$ 在区间 $(-\infty,+\infty)$ 内恒有 $|\sin x|\leq 1$，故 1 是它的一个界，而集合 $\{y\mid y\geq 1\}$ 中的每个元素也都可以作为它的界. 又如，函数 $f(x)=\dfrac{1}{x}$ 在区间 $(0,1)$ 内是无界的，而在区间 $(1,2)$ 内是有界的.

4. 函数的周期性

设函数 $y=f(x)$ 的定义域为 D. 若存在一个正数 T，使得对于任一 $x\in D$，恒有
$$f(x+T)=f(x) \quad (x\pm T\in D),$$
则称 $f(x)$ 为 D 上的周期函数，T 称为 $f(x)$ 的周期. 通常所说的周期是指函数的最小正周期.

例如，函数 $y=\sin x$ 和 $y=\cos x$ 都是以 2π 为周期的周期函数；函数 $y=\tan x$ 和 $y=\cot x$ 都是以 π 为周期的周期函数.

二、函数的运算

函数之间可以进行加、减、乘、除等代数运算，也可以进行复合运算和反函数运算，通过这些初等运算可以得到新的有用的函数.

1. 复合函数

定义1.2 设 y 是 u 的函数 $y=f(u)$，u 是 x 的函数 $u=g(x)$，如果对于函数 $u=g(x)$ 定义域内的每一个 x 对应的 u 都能使函数 $y=f(u)$ 有意义. 那么，y 就是 x 的函数，这个函数称为 $y=f(u)$，$u=g(x)$ 的复合函数，记为 $y=f(g(x))$. u 称为复合函数 $y=f(g(x))$ 的中间变量.

例1 指出下列函数的复合过程.

（1）$y=\sin^3 x$；（2）$y=e^{x^2}$；（3）$y=\ln\tan\dfrac{x}{2}$.

解（1）$y=\sin^3 x$ 是由 $y=u^3$，$u=\sin x$ 复合而成的，u 为中间变量；

（2）$y=e^{x^2}$ 是由 $y=e^u$，$u=x^2$ 复合而成的，u 为中间变量；

（3）$y=\ln\tan\dfrac{x}{2}$ 可以看作是由三个简单函数 $y=\ln u$，$u=\tan v$，$v=\dfrac{x}{2}$ 复合而成的，

v, u 为中间变量.

将复杂函数视为复合函数,并分解为若干简单函数进行求解,这在今后实际运算中经常用到,应重点掌握.

例 2 设 $f(x)$ 的定义域为 $(0,1)$,求 $f\left(\dfrac{1}{x}\right)$, $f(x^2)$, $f(\lg x)$ 的定义域.

解 由题意得:在函数 $f\left(\dfrac{1}{x}\right)$ 中,由 $0<\dfrac{1}{x}<1$,得 $x>1$,所以 $f\left(\dfrac{1}{x}\right)$ 的定义域为 $\{x\mid x>1\}$;

在函数 $f(x^2)$ 中,由 $0<x^2<1$,得 $-1<x<1$ 且 $x\neq 0$,所以 $f(x^2)$ 的定义域为 $\{x\mid -1<x<1\ 且\ x\neq 0\}$;

在函数 $f(\lg x)$ 中,由 $0<\lg x<1$,得 $1<x<10$,所以 $f(\lg x)$ 的定义域为 $\{x\mid 1<x<10\}$.

2. 反函数

定义 1.3 设函数 $y=f(x)$ 的定义域为 D,值域为 C. 根据这个函数中 x 与 y 的关系,用 y 把 x 表示出来,得到 $x=\varphi(y)$. 对于数集 C 中的任何一个数 y,通过 $x=\varphi(y)$,x 在 D 中都有唯一的值和它对应,那么,$x=\varphi(y)$ 就表示 x 是自变量 y 的函数. 这个函数 $x=\varphi(y)$($y\in C$) 叫做函数 $y=f(x)$($x\in D$) 的反函数,记为 $x=f^{-1}(y)$.

习惯上,常以 x 表示自变量,y 表示因变量. 因此,一般将反函数 $x=f^{-1}(y)$ 记为 $y=f^{-1}(x)$.

例 3 求函数 $y=\dfrac{2^x}{2^x+1}$ ($x\in \mathbf{R}$) 的反函数.

解 由 $y=\dfrac{2^x}{2^x+1}$ 可解得 $x=\log_2\left(\dfrac{y}{1-y}\right)$,交换 x 与 y 的位置,即得所求的反函数

$$y=\log_2\left(\dfrac{x}{1-x}\right) \quad 或 \quad y=\log_2 x-\log_2(1-x),$$

定义域为 $(0,1)$.

注:(1)只有从定义域到值域一一对应所确定的函数才有反函数. 例如,$y=\sin x$ ($x\in\mathbf{R}$) 没有反函数,而 $y=\sin x\left(-\dfrac{\pi}{2}\leqslant x\leqslant \dfrac{\pi}{2}\right)$ 的反函数是反正弦函数 $y=\arcsin x$($-1\leqslant x\leqslant 1$).

(2)反函数的定义域和值域分别是原函数的值域和定义域. 因此反函数的定义域不能通过其解析式来求,而应该求原函数的值域. 例如,$y=2^x$,$x\in[1,2]$ 的反函数是 $y=\log_2 x$,其定义域应为 $x\in[2,4]$,而不是 $(0,+\infty)$.

(3)互为反函数的两个函数具有相同的单调性,它们的图像关于直线 $y=x$ 对称. 例如,$y=3^x$ 与 $y=\log_3 x$ 互为反函数且都为单调递增函数.

习题 1-3

1. 确定下列函数的定义域.

(1) $f(x)=\sqrt{x^2-4}$;

(2) $y=\sqrt{x+2}+\dfrac{1}{1-x^2}$;

(3) $f(x)=\ln(x^2-x)$；

(4) $y=\sin(2x-1)+1$；

(5) $f(x)=\dfrac{1}{\ln|x-2|}$；

(6) $y=\sqrt{\lg\dfrac{5x-x^2}{4}}$；

(7) $f(x)=\arccos\dfrac{2x-1}{3}$；

(8) $f(x)=\sqrt{x^2-x-6}+\arcsin\dfrac{2x-1}{7}$.

2. 指出下列函数的复合过程.

(1) $y=\sin^2 x$；

(2) $y=\ln\sin^2 x$；

(3) $y=\sqrt{\sin^3(3x-1)}$；

(4) $y=\ln(x+\sqrt{1+x^2})$；

(5) $y=e^{x^2}$；

(6) $y=\ln\sin(\sqrt{1+x^2})$.

3. 若 $y=u^{\frac{3}{2}}$，$u=\dfrac{1+x}{1-x}$，将 y 表示成 x 的函数.

4. 若 $y=\sin u$，$u=2+v^2$，$v=\ln x$，将 y 表示成 x 的函数.

5. 判定函数的奇偶性.

(1) $y=x^3+1$；

(2) $y=x+\sin x$；

(3) $y=(1-x)^3$；

(4) $y=\cos(\sin x)$；

(5) $f(x)=1+\sin x$；

(6) $f(x)=2-\cos x$；

(7) $f(x)=\arcsin\dfrac{1}{x}$；

(8) $f(x)=x^3-x$.

6. 求下列函数的反函数.

(1) $y=x^3+3$；

(2) $y=\dfrac{x+2}{x-2}$；

(3) $y=(1-x)^3$；

(4) $y=\cos(x-1)$；

(5) $f(x)=1+\sin x$；

(6) $f(x)=2+\lg(2x-1)$；

(7) $f(x)=e^{\frac{1}{x}}$；

(8) $y=a^{x-3}+5$（$a>0$ 且 $a\neq 1$）.

第四节　幂函数、指数函数、对数函数

定义1.4　幂函数、指数函数、对数函数、三角函数和反三角函数统称为基本初等函数.

本节首先介绍幂函数、指数函数、对数函数.

一、幂函数

1. 幂函数的定义

一般地，函数 $y=x^a$ 叫做幂函数.

2. 幂函数的性质

典型幂函数的性质如表 1-2 所示.

表 1-2

函数	$y=x$	$y=x^2$	$y=x^3$	$y=x^{\frac{1}{2}}$	$y=x^{-1}$
图像					
定义域	$(-\infty, +\infty)$	$(-\infty, +\infty)$	$(-\infty, +\infty)$	$[0, +\infty)$	$(-\infty, 0) \cup (0, +\infty)$
值域	$(-\infty, +\infty)$	$[0, +\infty)$	$(-\infty, +\infty)$	$[0, +\infty)$	$(-\infty, 0) \cup (0, +\infty)$
奇偶性	奇函数	偶函数	奇函数	非奇非偶函数	奇函数
单调性	增函数	在 $(-\infty, 0)$ 是减函数; 在 $[0, +\infty)$ 是增函数	增函数	增函数	在 $(-\infty, 0)$ 是减函数; 在 $(0, +\infty)$ 是减函数
定点	原点 (0, 0)				

练习：如图 1-4 所示，曲线是幂函数 $y=x^k$ 在第一象限内的图像，已知 k 分别取 -1，1，$\frac{1}{2}$ 和 2 四个值，则相应图像依次为：_____．

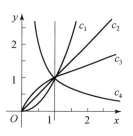

图 1-4

二、指数函数

1. 指数函数的定义

一般地，函数 $y=a^x$（$a>0$，$a\neq 1$）叫做指数函数，其定义域为 R.

2. 指数函数的性质

指数函数的性质如表 1-3 所示．

表 1-3

图像	![y=aˣ (0<a<1)]	![y=aˣ (a>1)]
定义域	R	
值域	$(0, +\infty)$	
性质	过定点 $(0, 1)$	
	非奇非偶	
	减函数	增函数

例 1 已知指数函数 $f(x) = a^x (a > 0, a \neq 1)$ 的图像经过点 $(3, \pi)$，求 $f(0)$，$f(1)$，$f(-3)$ 的值．

解 因为 $f(x) = a^x (a > 0, a \neq 1)$ 的图像经过点 $(3, \pi)$，所以 $f(3) = \pi$，即 $a^3 = \pi$ 解得 $a = \pi^{\frac{1}{3}}$，

于是 $f(x) = \pi^{\frac{x}{3}}$，所以

$$f(0) = 1, \quad f(1) = \sqrt[3]{\pi}, \quad f(-3) = \frac{1}{\pi}.$$

练习：在同一直角坐标系中画出 $y = 3^x$ 和 $y = \left(\frac{1}{3}\right)^x$ 的大致图像，并说出这两个函数的性质．

三、对数函数

1. 对数函数的定义

函数 $y = \log_a x$（$a > 0$，$a \neq 1$）称为对数函数，其定义域为 $x \in (0, +\infty)$．

2. 对数函数的性质

对数函数的性质如表 1-4 所示．

表 1-4

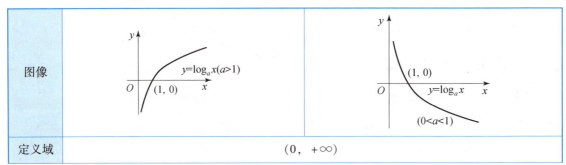

值域	R	
性质	过定点（1，0）	
	$x \in (0, 1)$ 时，$y < 0$ $x \in (1, +\infty)$ 时，$y > 0$	$x \in (0, 1)$ 时，$y > 0$ $x \in (1, +\infty)$ 时，$y < 0$
	在（0，+∞）上是增函数	在（0，+∞）上是减函数

练习：比较下列各组数中两个值的大小．

(1) $\log_2 3.4$，$\log_2 8.5$；　　　　　(2) $\log_{0.3} 1.8$，$\log_{0.3} 2.7$；

(3) $\log_a 5.1$，$\log_a 5.9$ $(a > 0, a \neq 1)$；　(4) $\log_2 0.7$，$\log_{\frac{1}{3}} 0.8$．

习题 1-4

1. 判断下列函数是否为幂函数．

(1) $y = \sqrt{2x}$；(2) $y = 3x^2 + 1$；(3) $y = x^3 - x$；(4) $y = x^{-\frac{2}{3}}$；(5) $y = (x-2)^2$．

2. 利用幂函数的性质，比较下列两个幂的值的大小．

$$(\sqrt{2})^3 \underline{\qquad\qquad} (\sqrt{3})^3.$$

3. 关于指数函数 $y = 2^x$ 和 $y = \left(\dfrac{1}{2}\right)^x$ 的图像，下列说法不正确的是（　　）．

A. 它们的图像都过（0，1）点，并且都在 x 轴的上方

B. 它们的图像关于 y 轴对称，因此它们是偶函数

C. 它们的定义域都是 R，值域都是（0，+∞）

D. 自左向右看 $y = 2^x$ 的图像是上升的，$y = \left(\dfrac{1}{2}\right)^x$ 的图像是下降的

4. 指数函数 $f(x)$ 的图像恒过点 $\left(-3, \dfrac{1}{8}\right)$，则 $f(2) = \underline{\qquad}$．

5. 比较大小．

(1) $\log_{0.3} 0.7$ 和 $\log_{0.4} 0.3$；(2) $\log_{3.4} 0.7$ 和 $\log_{0.6} 0.8$．

第五节　三角函数和反三角函数

一、三角函数

1. 锐角三角函数

如图 1-5 所示，当平面上的三点 A，B，C 的连线 AB，AC，BC，构成一个直角三角形，其中 $\angle ACB$ 为直角．对于 AB 与 AC 的夹角 $\angle A$，其三角函数及表达式如表 1-5 所示．

表 1-5

基本函数	英文	缩写	表达式	语言描述
正弦函数	Sine	sin	a/h	∠A 的对边比斜边
余弦函数	Cosine	cos	b/h	∠A 的邻边比斜边
正切函数	Tangent	tan	a/b	∠A 的对边比邻边
余切函数	Cotangent	cot	b/a	∠A 的邻边比对边
正割函数	Secant	sec	h/b	∠A 的斜边比邻边
余割函数	Cosecant	csc	h/a	∠A 的斜边比对边

2. 互余角的三角函数关系

$$\sin(90°-\alpha)=\cos\alpha,\quad \cos(90°-\alpha)=\sin\alpha,$$
$$\tan(90°-\alpha)=\cot\alpha,\quad \cot(90°-\alpha)=\tan\alpha.$$

3. 同角三角函数间的关系

商数关系：
$$\frac{\sin\alpha}{\cos\alpha}=\tan\alpha;$$

平方关系：
$$\sin^2\alpha+\cos^2\alpha=1;$$

积的关系：
$$\sin\alpha=\tan\alpha\cdot\cos\alpha;$$
$$\cos\alpha=\cot\alpha\cdot\sin\alpha;$$
$$\cot\alpha=\cos\alpha\cdot\csc\alpha;$$
$$\tan\alpha\cdot\cot\alpha=1.$$

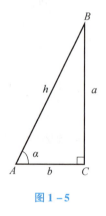

图 1-5

4. 三角函数值

（1）特殊角的三角函数值如表 1-6 所示.

（2）0°~90°的任意角的三角函数值，查三角函数表.

（3）锐角三角函数值的变化情况如下：

（i）锐角三角函数值都是正值；

（ii）当角度在 0°~90°间变化时，正弦值随着角度的增大（或减小）而增大（或减小），余弦值随着角度的增大（或减小）而减小（或增大），正切值随着角度的增大（或减小）而增大（或减小），余切值随着角度的增大（或减小）而减小（或增大）；

（iii）当角度 0°≤α≤90°时，0≤sin α≤1，0≤cos α≤1；当角度 0°<α<90°时，tan α>0，cot α>0.

表 1-6

函数＼角	0°	$\frac{\pi}{6}(30°)$	$\frac{\pi}{4}(45°)$	$\frac{\pi}{3}(60°)$	$\frac{\pi}{2}(90°)$	$\pi(180°)$	$\frac{3\pi}{2}(270°)$	$2\pi(360°)$
$\sin\alpha$	0	$\frac{1}{2}$	$\frac{\sqrt{2}}{2}$	$\frac{\sqrt{3}}{2}$	1	0	-1	0
$\cos\alpha$	1	$\frac{\sqrt{3}}{2}$	$\frac{\sqrt{2}}{2}$	$\frac{1}{2}$	0	-1	0	1
$\tan\alpha$	0	$\frac{\sqrt{3}}{3}$	1	$\sqrt{3}$	不存在	0	不存在	0
$\cot\alpha$	不存在	$\sqrt{3}$	1	$\frac{\sqrt{3}}{3}$	0	不存在	0	不存在

二、反三角函数

为限制反三角函数为单值函数，将反正弦函数的值 y 限在 $-\frac{\pi}{2} \leqslant y \leqslant \frac{\pi}{2}$，将 y 作为反正弦函数的主值，记为 $y = \arcsin x$；相应地，反余弦函数 $y = \arccos x$ 的主值限在 $0 \leqslant y \leqslant \pi$；反正切函数 $y = \arctan x$ 的主值限在 $-\frac{\pi}{2} < y < \frac{\pi}{2}$；反余切函数 $y = \operatorname{arccot} x$ 的主值限在 $0 < y < \pi$.

反三角函数实际上并不能叫做函数，因为它并不满足一个自变量对应一个函数值的要求，其图像与其原函数关于函数 $y = x$ 对称．其概念首先由欧拉提出，并且首先使用了"arc + 函数名"的形式表示反三角函数，而不是 $f^{-1}(x)$.

（1）正弦函数 $y = \sin x$ 在 $\left[-\frac{\pi}{2}, \frac{\pi}{2}\right]$ 上的反函数叫做反正弦函数．$\arcsin x$ 表示一个正弦值为 x 的角，该角的范围在 $\left[-\frac{\pi}{2}, \frac{\pi}{2}\right]$ 内.

（2）余弦函数 $y = \cos x$ 在 $[0, \pi]$ 上的反函数叫做反余弦函数．$\arccos x$ 表示一个余弦值为 x 的角，该角的范围在 $[0, \pi]$ 内.

（3）正切函数 $y = \tan x$ 在 $\left(-\frac{\pi}{2}, \frac{\pi}{2}\right)$ 上的反函数叫做反正切函数．$\arctan x$ 表示一个正切值为 x 的角，该角的范围在 $\left(-\frac{\pi}{2}, \frac{\pi}{2}\right)$ 内.

三角函数和反三角函数的定义域、值域、图像及性质如表 1-7 所示.

表 1-7

	函数	定义域与值域	图像	性质
三角函数	$y = \sin x$	$x \in (-\infty, +\infty)$ $y \in [-1, 1]$		奇函数，周期 2π，有界，在区间 $\left[2k\pi - \frac{\pi}{2}, 2k\pi + \frac{\pi}{2}\right]$ $(k \in \mathbf{Z})$ 是增函数，在区间 $\left[2k\pi + \frac{\pi}{2}, 2k\pi + \frac{3\pi}{2}\right]$ $(k \in \mathbf{Z})$ 是减函数

续表

	函数	定义域与值域	图像	性质
三角函数	$y=\cos x$	$x\in(-\infty,+\infty)$ $y\in[-1,1]$		偶函数，周期2π，有界，在区间$[2k\pi,2k\pi+\pi]$($k\in Z$)是减函数，在区间$[2k\pi+\pi,2k\pi+2\pi]$($k\in Z$)是增函数
	$y=\tan x$	$x\neq k\pi+\dfrac{\pi}{2}$ ($k\in Z$) $y\in(-\infty,+\infty)$		奇函数，周期π，无界，在区间$\left(k\pi-\dfrac{\pi}{2},k\pi+\dfrac{\pi}{2}\right)$($k\in Z$)是增函数
	$y=\cot x$	$x\neq k\pi$ ($k\in Z$) $y\in(-\infty,+\infty)$		奇函数，周期π，无界，在区间$(k\pi,2k\pi+\pi)$($k\in Z$)是减函数
反三角函数	$y=\arcsin x$	$x\in[-1,1]$ $y\in\left[-\dfrac{\pi}{2},\dfrac{\pi}{2}\right]$		奇函数，有界，增函数
	$y=\arccos x$	$x\in[-1,1]$ $y\in[0,\pi]$		有界，减函数

续表

	函数	定义域与值域	图像	性质
反三角函数	$y = \arctan x$	$x \in (-\infty, +\infty)$ $y \in \left(-\dfrac{\pi}{2}, \dfrac{\pi}{2}\right)$		奇函数，有界，增函数
	$y = \operatorname{arccot} x$	$x \in (-\infty, +\infty)$ $y \in (0, \pi)$		有界，减函数

习题 1-5

1. 若角 α 的终边过点 $P(5, -12)$，则 $\sin\alpha + \cos\alpha =$ _____．
2. 若 $\sin\alpha < 0$ 且 $\tan\alpha < 0$，则 α 是第 _____ 象限角．
3. 角 α 的终边经过点 $P(-b, 4)$ 且 $\cos\alpha = -\dfrac{3}{5}$，则 b 的值为 _____．

第六节 初等函数

一、初等函数

定义 1.5 由基本初等函数和常数经过有限次四则运算和有限次复合所构成的，并用一个式子表示的函数称为初等函数．

例如，$f(x) = \dfrac{e^x - e^{-x}}{2}$，$f(x) = x + \sin^3 x$ 等都是初等函数．

通常所用到的函数大多是初等函数，一般来说分段函数不是初等函数．

二、应用举例

要想利用函数的理论和方法解决实际问题，就必须找到与实际问题有关的变量，并建立起变量之间的函数关系式，即构造出相应的数学模型．下面看几个例子．

例 1 生物学中在稳定的理想状态下，细菌繁殖的指数增长模型为
$$Q(t) = ae^{kt} \ (\text{表示 } t \text{ 分钟内繁殖的细菌数})．$$

假设在一定的培养条件下，开始 $t=0$ 时有 2 000 个细菌，且 20 分钟后已增加到 6 000 个，试问 1 小时后将有多少个细菌.

解 因为 $Q(0)=2\,000$，所以 $a=2\,000$，$Q(t)=2\,000\mathrm{e}^{kt}$.
又 $t=20$ 时，$Q=6\,000$，故有 $6\,000=2\,000\mathrm{e}^{20k}$，所以 $\mathrm{e}^{20k}=3$.
当 $t=60$ 时，$Q(60)=2\,000\mathrm{e}^{60k}=2\,000\mathrm{e}^{20k\cdot3}=2\,000\times3^3=54\,000$.
因此，1 小时后细菌有 54 000 个.

例 2 市场上销售的一种产品，销售数量 Q 是其价格 P 的线性函数，当单位价格 $P=50$ 元时，$Q=1\,500$ 个，当单位价格 $P=60$ 元时，$Q=1\,200$ 个，试确定该产品的需求函数和价格函数.

分析：商品的需求量 Q 与价格 P 密切相关. 一般来说，商品的需求量随价格的下降而增加，随价格的上涨而减少. 若不考虑其他因素，商品的需求量 Q 可以看作是商品价格 P 的一元函数. 一般来说，函数 Q 是单调减少的.

解 设线性需求函数为
$$Q = a + bP.$$
由题意得
$$\begin{cases} a+50b=1\,500 \\ a+60b=1\,200 \end{cases},$$
解方程组得 $a=3\,000$，$b=-30$.
于是，所求线性需求函数为
$$Q=3\,000-30P,$$
由上式解出 P
$$P=100-\frac{Q}{30},$$
即为价格函数.

例 3 某厂家向市场供给一种产品，供给量 Q 是其价格 P 的线性函数，当单位价格 $P=50$ 元时，$Q=1\,500$ 个，当单位价格 $P=60$ 元时，$Q=2\,000$ 个，试确定该产品的供给函数.

分析：一般而言，商品的供给量 Q 是价格 P 的增函数，即价格越高，厂商越愿意供给商品；价格越低，厂商越不愿意供给商品.

解 设线性供给函数为
$$Q=c+dP.$$
由题意得
$$\begin{cases} c+50d=1\,500 \\ c+60d=2\,000 \end{cases},$$
解方程组得 $c=-1\,000$，$d=50$.
于是，所求线性供给函数为
$$Q=-1\,000+50P.$$

例 4 某公司每天要支付一笔固定费用 300 元（用于房租与薪水等），它所出售的食品的生产费用为 1 元/kg，而销售价格为 2 元/kg，试问它们的保本点为多少？即每天应当销售多少食品才能使公司收支平衡.

分析：总成本是指生产特定数量的产品所需要的成本总额，它包括固定成本和可变成本两部分．固定成本是尚未生产产品时的支出，是在一定限度范围内不随产量的变化而变化的费用，可变成本是随产量的变化而变化的费用．

利润函数等于收益函数减去成本函数．

解 设每天应销售 Q kg，依题意得

成本函数 $C(Q) = (300 + 1 \cdot Q)$（元），

收益函数 $R(Q) = 2 \cdot Q$（元），

利润函数 $L(Q) = R(Q) - C(Q)$
$= 2Q - (300 + Q)$，

令 $L(Q) = 0$，即 $2Q - (300 + Q) = 0$，则 $Q = 300$.

故每天必须销售 300 kg 食品才能保本．

从图 1-6 中可以看出，保本点为（300，600）．

当 $Q > 300$ 时，收益 $R(Q)$ 超过成本 $C(Q)$，可以盈利；

当 $Q < 300$ 时，成本 $C(Q)$ 超过收益 $R(Q)$，产生亏本．

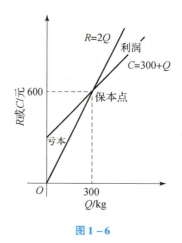

图 1-6

习题 1-6

1. 某电视机每台售价 800 元，每月可销售 2 000 台，每台售价 750 元，每月可销售 2 500 台，求该电视机的线性需求函数．

2. 某厂生产某种产品 1 000 吨，定价 120 元/吨，销售量不超过 700 吨时，按原价出售，超过 700 吨时，超出部分按原价的九折出售，试写出销售量的函数．

3. 某旅游公司推出一种旅游，参加旅游的人数 Q 是票价的线性函数，当票价为 120 元时，参加旅游的人数为 80 人，当票价为 150 元时，参加旅游的人数为 65 人，试写出总收益 R 与旅游人数 Q 的函数．

4. 某计算器厂生产一个计算器的可变成本为 15 元，每天的固定成本为 1 200 元，若每个计算器出厂价为 20 元，为了不亏本，每天该工厂应生产多少计算器？

5. 某工厂的产品总成本函数与总收益函数分别是

$$C(Q) = 5Q + 200, \quad R(Q) = 10Q - \frac{Q^2}{100}.$$

试写出利润 L 与产量 Q 的关系式．

6. 某工厂生产的一种产品，其固定成本为 1 000 元，每生产一件产品需增加 5 元的成本，又知产品的需求函数是

$$Q = 1\,300 - 80P.$$

试写出：（1）总成本 C 与产量 Q 的函数关系式；

（2）总收益 R 与产量 Q 的函数关系式；

（3）总利润 L 与产量 Q 的关系式．

第一章　复习题

1. 求下列函数的定义域.

   (1) $y = \sqrt{4-x^2} + \dfrac{1}{x-1}$;

   (2) $y = \arcsin(x-3)$;

   (3) $y = \dfrac{2x}{\sqrt{x^2-3x+2}}$;

   (4) $y = \ln(1-x) + \sqrt{x+2}$.

2. 作出下列函数的图形，并指出其定义域.

   (1) $f(x) = \begin{cases} x^2-1 & 0 \leq x \leq 1 \\ x+3 & 1 < x < 3 \end{cases}$;

   (2) $f(x) = \begin{cases} \dfrac{1}{x} & x > 0 \\ 2 & x \leq 0 \end{cases}$.

3. 设 $f(x) = x^3 - x$，计算 $\dfrac{f(x) - f(1)}{x-1}$.

4. 设 $f(x) = x^2 - x + 1$，计算 $\dfrac{f(2+\Delta x) - f(2)}{\Delta x}$.

5. 设 $f(x) = \begin{cases} 1+x & x < -1 \\ 1 & x \geq -1 \end{cases}$，求 $f(-4)$，$f(2)$，$f(2-x)$.

6. 设 $f(x) = x^2$，$\varphi(x) = \lg x$，求 $f[\varphi(x)]$，$f[f(x)]$，$\varphi[f(x)]$，$\varphi[\varphi(x)]$.

7. 指数衰减模型：设仪器由于长期磨损，使用 t 年后的价值由下列函数确定：
$$Q(t) = Q_0 \mathrm{e}^{-0.04t},$$
若使用 20 年后，仪器的价值为 8 986.58 元，试问当初此仪器的价值为多少？

8. Logistic 增长模型：在一个拥有 80 000 人的城镇里，在时刻 t 得感冒的人数为
$$N(t) = \dfrac{10\,000}{1 + 9\,999\,\mathrm{e}^{-t}},$$
其中 t 以天为单位，试求开始时感冒的人数，以及第四天感冒的人数.

9. 价格函数：设某种商品的价格函数是由
$$p = 5\,000\left(1 - \dfrac{4}{4+\mathrm{e}^{-0.002x}}\right)$$
确定的，其中 p 是商品价格，x 是需求数量. 试求当需求数量（1）$x = 100$（单位）；（2）$x = 500$（单位）时商品的价格.

10. 用水费用：某城市为节约用水，制定了如下收费方法：每户每月用水量不超过 4.5 t 时，水费按 0.64 元/t 计算，超过部分每吨以 5 倍价格收费，试建立每月用水费用与用水数量之间的函数模型，并计算每月用水量分别为 3.5 t，4.5 t，5.5 t，9 t 的用水费用.

11. 保本分析：某公司生产糖果，每天生产 x kg 的成本为
$$C(x) = 15x + 400 （元），$$
$C(0) = 400$ 元为固定成本.

   (1) 若糖果的售价为 16 元/kg，问每天应销售多少千克才能保本？

   (2) 若糖果售价提高为 19 元/kg，问其保本点是多少？

   (3) 若每天至少能够销售 60 kg，问每千克定价多少才能保证不亏本？

12. 某个国家的国民生产总值（GNP）在 1985 年是 1 000 亿元，1995 年是 1 800 亿元，现假设 GNP 按指数函数增长，问这个国家在 2005 年的 GNP 是多少？

学习评价

姓名		学号		班级	
第一章			函数		
知识点		已掌握内容		需进一步学习内容	
知识点 1	平面直角坐标系与角				
知识点 2	函数及相关概念				
知识点 3	函数的特性与运算				
知识点 4	幂函数、指数函数、对数函数				
知识点 5	三角函数和反三角函数				
知识点 6	初等函数				

第二章 极限与连续

知识目标
1. 理解极限的概念,包括数列的极限和函数的极限.
2. 掌握极限的性质及四则运算法则.
3. 掌握极限存在的两个准则,并会利用它们求极限;掌握利用两个重要极限求极限的方法.
4. 理解无穷大、无穷小的概念,掌握无穷小阶的比较方法.
5. 理解函数连续性的概念,会判别函数的间断点的类型.
6. 了解初等函数的连续性.

素质目标
我国古代数学家刘徽(公元 3 世纪)利用圆的内接正多边形推算圆周长和面积的方法称为"割圆术",刘徽说:"割之弥细,所失弥少,割之又割,以至于不可割,则与圆周合体而无所失矣."春秋战国时期的哲学家庄子(公元前 4 世纪)在《庄子·天下篇》一书中对"截丈问题"有一段名言"一尺之棰,日取其半,万世不竭",其中也隐含了深刻的极限思想.

通过对极限概念的学习,掌握数列随着项数的变化所产生的变化趋势,掌握函数随着自变量的变化而产生的变化趋势,将极限的思想与实际的例子相结合,提高自身的逻辑思维能力.

极限是研究函数的主要工具,它贯穿高等数学的始终,是最为抽象的一个重要概念.作为高等数学的基本推理工具,极限还是微积分的理论基础.本章将学习极限的概念和性质,并在此基础上学习函数的连续性.

第一节 极限的概念

一、数列的极限

首先看下面三个无穷数列 $\{a_n\}$:

(1) $1, \dfrac{1}{2}, \dfrac{1}{3}, \dfrac{1}{4}, \cdots, \dfrac{1}{n}, \cdots$;

(2) $0, \dfrac{1}{2}, \dfrac{2}{3}, \dfrac{3}{4}, \cdots, \dfrac{n-1}{n}, \cdots$

(3) $\dfrac{1}{2}$, $-\dfrac{1}{4}$, $\dfrac{1}{8}$, $-\dfrac{1}{16}$, $\cdots$, $(-1)^{n-1}\left(\dfrac{1}{2}\right)^n$, $\cdots$

为了直观起见，我们把这三个数列的前 n 项分别表示在数轴上，如图 2-1、图 2-2、图 2-3 所示.

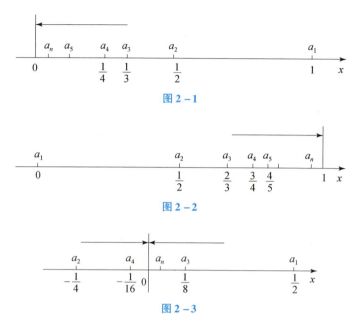

图 2-1

图 2-2

图 2-3

由图 2-1 可看出，当 n 无限增大时，表示数列 $a_n = \dfrac{1}{n}$ 的点逐渐密集在 $x=0$ 的右侧．即数列 $\{a_n\}$ 从 $x=0$ 的右侧无限接近于 0；由图 2-2 可看出，当 n 无限增大时，表示数列 $a_n = \dfrac{n-1}{n}$ 的点逐渐密集在 $x=1$ 的左侧，即数列 $\{a_n\}$ 从 $x=1$ 的左侧无限接近于 1；由图 2-3 可看出，当 n 无限增大时，表示数列 $a_n = (-1)^{n-1}\left(\dfrac{1}{2}\right)^n$ 的点逐渐密集在 $x=0$ 的左、右侧，即数列 $\{a_n\}$ 从 $x=0$ 的左、右两侧无限接近于 0.

以上三个数列有一个共同的特点：当 n 无限增大时，数列 $\{a_n\}$ 无限接近于某一个常数．一般地，有如下定义：

定义 2.1　如果当 n 无限增大时（即 $n \to \infty$），数列 $\{a_n\}$ 无限接近某个确定的常数 a（即 $|a_n - a|$ 无限接近于 0），那么，这个确定的常数 a 就称为数列 $\{a_n\}$ 的极限，记作

$$\lim_{n\to\infty} a_n = a \quad \text{或} \quad \text{当 } n\to\infty \text{ 时}, \quad a_n \to a.$$

根据定义 2.1 可知，上述三个数列的极限分别记为：

$$\lim_{n\to\infty}\dfrac{1}{n}=0;\quad \lim_{n\to\infty}\dfrac{n-1}{n}=1;\quad \lim_{n\to\infty}=(-1)^{n-1}\left(\dfrac{1}{2}\right)^n=0.$$

例 1　观察下列数列的变化趋势，写出它们的极限.

(1) $a_n = \dfrac{1}{n^2}$；　(2) $a_n = \left(\dfrac{1}{4}\right)^n$；　(3) $a_n = 1$.

解　列出数列的前几项，考察当 $n \to \infty$ 时，表示数列的点逐渐密集的位置，如表 2-1 所示．

表 2-1

n	1	2	3	4	5	…	→∞
$a_n = \dfrac{1}{n^2}$	1	$\dfrac{1}{4}$	$\dfrac{1}{9}$	$\dfrac{1}{16}$	$\dfrac{1}{25}$	…	→0
$a_n = \left(\dfrac{1}{4}\right)^n$	$\dfrac{1}{4}$	$\dfrac{1}{16}$	$\dfrac{1}{64}$	$\dfrac{1}{256}$	$\dfrac{1}{1\,024}$	…	→0
$a_n = 1$	1	1	1	1	1	…	→1

由表 2-1 中三个数列的变化趋势及定义 2.1 知：

(1) $\lim\limits_{n\to\infty}\dfrac{1}{n^2}=0$；(2) $\lim\limits_{n\to\infty}\left(\dfrac{1}{4}\right)^n=0$；(3) $\lim\limits_{n\to\infty}1=1$.

二、函数的极限

前面我们讨论了数列的极限，数列 $\{a_n\}$ 可以看作是自变量 n 的函数，即 $a_n=f(n)$，这里 $n\in\mathbf{N}$．但对于一般的函数 $f(x)$，自变量 x 的取值并不一定是正整数．下面，我们来讨论一般函数 $f(x)$ 的极限．

1. 当 $x\to\infty$ 时，函数 $f(x)$ 的极限

研究数列极限时，自变量 n 是取正整数而趋于无穷的，现在考虑当自变量 x 取实数而趋于无穷时，函数 $f(x)$ 的变化趋势．先看一个例子，函数 $y=1+\dfrac{1}{x}$ 当 x 的绝对值无限增大时，函数 y 无限接近于 1，而数列 $x_n=1+\dfrac{1}{n}$，当 $n\to\infty$ 时，$x_n\to 1$．尽管 x 与 n 取值不同，一个是取实数且连续变化，而另一个只取正整数，但其本质却是一样的．因此，类似于数列极限，可以给出当 $x\to\infty$ 时函数极限的定义．

定义 2.2 如果当 $|x|$ 无限增大时，函数 $f(x)$ 无限接近于某一个常数 A，则称 A 为函数 $f(x)$ 当 $x\to\infty$ 时的极限，记为

$$\lim_{x\to\infty}f(x)=A \quad \text{或} \quad \text{当 } x\to\infty \text{ 时}, f(x)\to A.$$

当 $x\to\infty$ 时，$f(x)$ 的极限也可以定义为：如果 $\lim\limits_{x\to+\infty}f(x)=A$ 且 $\lim\limits_{x\to-\infty}f(x)=A$，则称 A 为函数 $f(x)$ 当 $x\to\infty$ 时的极限．即

$$\lim_{x\to+\infty}f(x)=\lim_{x\to-\infty}f(x)=A\Leftrightarrow\lim_{x\to\infty}f(x)=A.$$

例 2 利用图像考察下列函数当 $x\to+\infty$，$x\to-\infty$，$x\to\infty$ 时的极限.

(1) $f(x)=\dfrac{1}{x}$；(2) $f(x)=\arctan x$.

解 (1) 由图 2-4 可知 $\lim\limits_{x\to+\infty}\dfrac{1}{x}=0$，$\lim\limits_{x\to-\infty}\dfrac{1}{x}=0$，所以 $\lim\limits_{x\to\infty}\dfrac{1}{x}=0$；

(2) 由图 2-5 可知 $\lim\limits_{x\to+\infty}\arctan x=\dfrac{\pi}{2}$，$\lim\limits_{x\to-\infty}\arctan x=-\dfrac{\pi}{2}$，

所以，$\lim\limits_{x\to\infty}\arctan x$ 不存在.

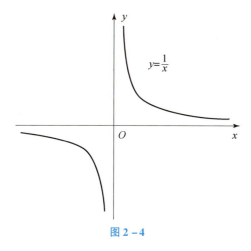

图 2-4

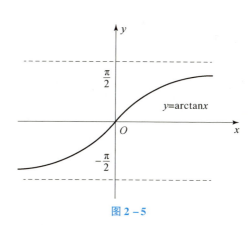

图 2-5

一般地，有下列三个基本函数极限公式：

(1) $\lim\limits_{x\to\infty}\dfrac{1}{x^a}=0$ （$a>0$）；

(2) $\lim\limits_{x\to\infty}q^x=0$ （$|q|<1$）；

(3) $\lim\limits_{x\to\infty}C=C$ （C 是任意常数）.

2. 当 $x\to x_0$ 时，函数 $f(x)$ 的极限

首先来讨论当 x 无限趋近于 1 时，函数 $f(x)=2x+1$ 的变化趋势．为此列出表 2-2，并画出函数 $f(x)=2x+1$ 的图像（见图 2-6）．

表 2-2

x	⋯	0.9	0.99	0.999	→1←	1.001	1.01	1.1	⋯
$f(x)$	⋯	2.8	2.98	2.998	3	3.002	3.02	3.2	⋯

由表 2-2 和图 2-6 可以看出，当 x 无论是从 1 的左侧还是右侧无限趋近于 1 时，$f(x)=2x+1$ 都无限逼近 3，即当 $x\to1$ 时，$f(x)=2x+1\to3$．这时我们就称 3 为 $f(x)=2x+1$ 当 $x\to1$ 时的极限，记为

$$\lim_{x\to1}(2x+1)=3.$$

通过以上分析，可以给出当 $x\to x_0$ 时函数极限的定义．

定义 2.3 如果当 x 从 x_0 的两侧同时无限趋近于 x_0（记为 $x\to x_0$）时，$f(x)$ 无限趋近于一个常数 A，那么称 A 为函数 $f(x)$ 当 $x\to x_0$ 时的极限，记为

$$\lim_{x\to x_0}f(x)=A \quad 或 \quad 当 \ x\to x_0 \ 时, f(x)\to A.$$

定义 2.4 如果当 x 从 x_0 的左侧无限趋近于 x_0（记为 $x\to x_0^-$）时，$f(x)$ 无限趋近于一个常数 A，那么称 A 为函数 $f(x)$ 当 $x\to x_0$ 时的左极限，记为

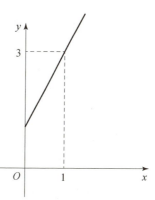

图 2-6

$$\lim_{x\to x_0^-}f(x)=A \quad 或 \quad 当\ x\to x_0^-\ 时,\ f(x)\to A.$$

定义 2.5 如果当 x 从 x_0 的右侧无限趋近于 x_0（记为 $x\to x_0^+$）时，$f(x)$ 无限趋近于一个常数 A，那么称 A 为函数 $f(x)$ 当 $x\to x_0$ 时的右极限，记为

$$\lim_{x\to x_0^+}f(x)=A \quad 或 \quad 当\ x\to x_0^+\ 时,\ f(x)\to A.$$

根据函数在一点处的极限、左极限和右极限定义，可以得出：函数 $f(x)$ 当 $x\to x_0$ 时极限存在的充分必要条件为左极限与右极限都存在且相等. 即

$$\lim_{x\to x_0^-}f(x)=\lim_{x\to x_0^+}f(x)=A \Leftrightarrow \lim_{x\to x_0}f(x)=A.$$

上述结论常用来判断函数在某点处的极限是否存在. 由定义 2.3，不难得出下列函数的极限：

(1) $\lim\limits_{x\to x_0}x=x_0$；

(2) $\lim\limits_{x\to x_0}C=C$；

(3) $\lim\limits_{x\to 0}e^x=1$，$\lim\limits_{x\to 0}a^x=1(a>0,a\neq 1)$；

(4) $\lim\limits_{x\to 0}\sin x=0$；

(5) $\lim\limits_{x\to 0}\cos x=1$.

例 3 讨论函数 $f(x)=\begin{cases} x+1 & x\leq 0 \\ 1 & 0<x<2 \\ 2-x & x\geq 2 \end{cases}$

在 $x=0$ 和 $x=2$ 处的极限是否存在（图 2-7 为函数图像）.

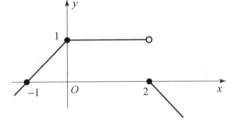

图 2-7

解 在 $x=0$ 处

左极限 $\lim\limits_{x\to 0^-}f(x)=\lim\limits_{x\to 0^-}(x+1)=1$，

右极限 $\lim\limits_{x\to 0^+}f(x)=\lim\limits_{x\to 0^+}1=1$，

可见，左、右极限存在且相等，所以，极限 $\lim\limits_{x\to 0}f(x)=1$.

在 $x=2$ 处

左极限 $\lim\limits_{x\to 2^-}f(x)=\lim\limits_{x\to 2^-}1=1$，

右极限 $\lim\limits_{x\to 2^+}f(x)=\lim\limits_{x\to 2^+}(2-x)=0$，

可见，左、右极限存在但不相等，所以，$f(x)$ 在 $x=2$ 处不存在极限.

三、无穷小与无穷大

无穷小与无穷大是函数的两种特殊的变化趋势，理解它们的本质和相互关系对以后的学习有着非常重要的作用.

1. 无穷小

在有极限的函数中，以零为极限的函数具有特别重要的意义.

定义 2.6 如果当 $x\to x_0$（或 $x\to\infty$）时，函数 $f(x)\to 0$，那么 $f(x)$ 称为当 $x\to x_0$（或 $x\to$

∞）时的无穷小量，简称无穷小.

例如，$x-2$ 是当 $x\to 2$ 时的无穷小，$\dfrac{1}{x}$ 是当 $x\to\infty$ 时的无穷小.

需要注意的是，在指出某个函数为无穷小时，一定要同时指出自变量的变化过程，即 x 趋向于什么. 如 $\dfrac{1}{x}$ 是当 $x\to\infty$ 时的无穷小，而当 $x\to 1$ 时就不是无穷小了.

另外，无穷小是一个以零为极限的变量，而不是很小很小的常数. 常函数中只有 $y=0$ 是无穷小.

2. 无穷大

若函数 $f(x)$ 在某变化过程中无限增大，按函数极限定义，$f(x)$ 的极限是不存在的. 但是，为了便于叙述函数的这种变化趋势，也称"函数的极限是无穷大"，这个函数称为是这种变化趋势下的无穷大.

定义 2.7 如果当 $x\to x_0$（或 $x\to\infty$）时，函数 $f(x)\to\infty$，那么 $f(x)$ 称为当 $x\to x_0$（或 $x\to\infty$）时的无穷大量，简称无穷大. 记作

$$\lim_{\substack{x\to x_0\\(x\to\infty)}} f(x)=\infty\ (\text{或}\ \lim_{\substack{x\to x_0\\(x\to\infty)}} f(x)=-\infty,\ \lim_{\substack{x\to x_0\\(x\to\infty)}} f(x)=+\infty).$$

例如，$\dfrac{1}{x}$ 是当 $x\to\infty$ 时的无穷小，也是当 $x\to 0$ 时的无穷大.

3. 无穷小与无穷大的关系

定理 2.1 在自变量的同一变化过程中，

（1）若 $f(x)$ 为无穷小，且 $f(x)\neq 0$，则 $\dfrac{1}{f(x)}$ 为无穷大；

（2）若 $f(x)$ 为无穷大，则 $\dfrac{1}{f(x)}$ 为无穷小.

例如，当 $x\to\infty$ 时，$\dfrac{1}{x}$ 是无穷小，x 是无穷大.

例 4 求极限 $\lim\limits_{x\to\infty}(5x^3-x^2+2)$.

解 因为 $\lim\limits_{x\to\infty}\dfrac{1}{5x^3-x^2+2}=\lim\limits_{x\to\infty}\dfrac{\dfrac{1}{x^3}}{\left(5-\dfrac{1}{x}+\dfrac{2}{x^3}\right)}=0$，由定理 2.1，有

$$\lim_{x\to\infty}(5x^3-x^2+2)=\infty.$$

4. 无穷小的性质

在自变量 x 的同一变化过程中，无穷小具有以下性质：

性质 1 有限个无穷小的代数和仍为无穷小.

性质 2 有界函数与无穷小的乘积为无穷小.

性质 3 有限个无穷小的乘积仍为无穷小.

推论 常数与无穷小的乘积仍为无穷小.

例 5 求极限 $\lim\limits_{x\to\infty}\dfrac{\cos x}{x}$.

解 因为 $\dfrac{\cos x}{x}=\dfrac{1}{x}\cdot\cos x$，其中 $\cos x$ 为有界函数，$\dfrac{1}{x}$ 为当 $x\to\infty$ 时的无穷小，所以由性质 2 可知

$$\lim\limits_{x\to\infty}\dfrac{\cos x}{x}=0.$$

5. 函数极限与无穷小的关系

定理 2.2 在自变量 x 的变化过程中

$$\lim f(x)=A\Leftrightarrow f(x)=A+\alpha,$$

其中 α 是同一变化过程中的无穷小.

例如，因为 $\lim\limits_{x\to 1}2x=2$，所以，$2x=2+\alpha$，其中 $\lim\limits_{x\to 1}\alpha=0.$

习题 2-1

研究函数在 $x=0$ 处的极限或左、右极限.

(1) $f(x)=\dfrac{|x|}{x}$； (2) $f(x)=\dfrac{x}{x}$；

(3) $f(x)=\dfrac{1}{1+e^{\frac{1}{x}}}$； (4) $f(x)=\begin{cases}2^x & x>0\\ 0 & x=0.\\ 1+x^2 & x<0\end{cases}$

第二节 极限的运算

一、极限的四则运算法则

若 $\lim f(x)=A$，$\lim g(x)=B$（记号 $\lim$ 下面没有标明自变量的变化趋势，表明本法则对 $x\to x_0$ 和 $x\to\infty$ 都成立，以后不再说明），则有

法则 1 $\lim[f(x)\pm g(x)]=\lim f(x)\pm\lim g(x)=A\pm B$;

法则 2 $\lim[f(x)\cdot g(x)]=\lim f(x)\cdot\lim g(x)=A\cdot B$;

推论 (1) $\lim[Cf(x)]=C\lim f(x)=CA$ （C 为常数）;

推论 (2) $\lim[f(x)]^n=[\lim f(x)]^n=A^n$ （$n\in\mathbf{N}^*$）;

法则 3 $\lim\dfrac{f(x)}{g(x)}=\dfrac{\lim f(x)}{\lim g(x)}=\dfrac{A}{B}$ （$B\neq 0$）.

以上法则 1 和法则 2 可推广到有限个函数极限的情形.

例 1 求 $\lim\limits_{x\to 1}(3x^2-2x+1)$.

解 $\lim\limits_{x\to 1}(3x^2-2x+1)=\lim\limits_{x\to 1}3x^2-\lim\limits_{x\to 1}2x+\lim\limits_{x\to 1}1$

$=3\lim\limits_{x\to 1}x^2-2\lim\limits_{x\to 1}x+1$

$$= 3\left(\lim_{x\to 1}x\right)^2 - 2\times 1 + 1$$
$$= 3\times 1^2 - 2 + 1 = 2.$$

例2 求 $\lim\limits_{x\to 0}\dfrac{2x-1}{x^2+3}$.

解
$$\lim_{x\to 0}\frac{2x-1}{x^2+3} = \frac{\lim\limits_{x\to 0}(2x-1)}{\lim\limits_{x\to 0}(x^2+3)} = \frac{-1}{3} = -\frac{1}{3}.$$

这里利用了法则3,注意分母的极限不为零.

例3 求 $\lim\limits_{x\to 2}\dfrac{x-2}{x^2-4}$.

解 当 $x\to 2$ 时,分子和分母的极限均为0,这类极限称为 $\dfrac{0}{0}$ 型未定式. 在这里不能直接应用商的极限法则. 而当 $x\to 2$ 时,$x\neq 2$,故分式可约去不为零的因子 $(x-2)$,所以
$$\lim_{x\to 2}\frac{x-2}{x^2-4} = \lim_{x\to 2}\frac{x-2}{(x-2)(x+2)} = \lim_{x\to 2}\frac{1}{x+2} = \frac{1}{4}.$$

例4 求 $\lim\limits_{x\to\infty}\dfrac{3x^2+5x}{x^2-1}$.

解 当 $x\to\infty$ 时,分子和分母都趋向于无穷大,这类极限称为 $\dfrac{\infty}{\infty}$ 型未定式. 这类极限通常需要把式子变形. 即用式子中 x 的最高次幂同除分子和分母,得
$$\lim_{x\to\infty}\frac{3x^2+5x}{x^2-1} = \lim_{x\to\infty}\frac{3+\dfrac{5}{x}}{1-\dfrac{1}{x^2}} = 3.$$

由例4可得以下结论:即当 $a_0\neq 0$,$b_0\neq 0$,m 和 n 为非负整数时,有
$$\lim_{x\to\infty}\frac{a_0x^m+a_1x^{m-1}+\cdots+a_m}{b_0x^n+b_1x^{n-1}+\cdots+b_n} = \begin{cases} 0 & m<n \\ \dfrac{a_0}{b_0} & m=n. \\ \infty & m>n \end{cases}$$

例5 求 $\lim\limits_{x\to 1}\left(\dfrac{1}{1-x} - \dfrac{3}{1-x^3}\right)$.

解 当 $x\to 1$ 时,括号内两式均趋向于 ∞,此类极限称为 $\infty-\infty$ 型未定式. 这类极限同样不能应用极限运算法则,通常将式子变形为 $\dfrac{0}{0}$ 或 $\dfrac{\infty}{\infty}$ 型再求解.
$$\lim_{x\to 1}\left(\frac{1}{1-x} - \frac{3}{1-x^3}\right) = \lim_{x\to 1}\frac{1+x+x^2-3}{(1-x)(1+x+x^2)}$$
$$= \lim_{x\to 1}\frac{(x-1)(x+2)}{(1-x)(1+x+x^2)}$$
$$= \lim_{x\to 1}\frac{-(x+2)}{1+x+x^2} = -1.$$

二、无穷小的比较

由无穷小的性质可知,两个无穷小的和、差及乘积仍为无穷小. 但是,两个无穷小的商

却会出现不同的情况. 例如,当 $x \to 0$ 时,$2x$,x,x^2 都是无穷小,而 $\lim\limits_{x \to 0} \dfrac{2x}{x} = 2$,$\lim\limits_{x \to 0} \dfrac{x^2}{x} = 0$,$\lim\limits_{x \to 0} \dfrac{x}{x^2} = \infty$.

两个无穷小之比的极限的各种不同情况,反映了不同的无穷小趋于零的"快慢"程度. 在 $x \to 0$ 的过程中,$x^2 \to 0$ 比 $2x \to 0$ "快些",而 $2x \to 0$ 与 $x \to 0$ "快慢相仿". 为了区别这种快慢程度,我们引入无穷小比较.

定义 2.8 设 α,β 是当 $x \to x_0$(或 $x \to \infty$)时的两个无穷小,

(1) 若 $\lim \dfrac{\alpha}{\beta} = 0$,则称 α 是比 β 高阶的无穷小,记作 $\alpha = o(\beta)$;

(2) 若 $\lim \dfrac{\alpha}{\beta} = \infty$,则称 α 是比 β 低阶的无穷小;

(3) 若 $\lim \dfrac{\alpha}{\beta} = C \neq 0$,则称 α 与 β 是同阶无穷小;

(4) 若 $\lim \dfrac{\alpha}{\beta} = 1$,则称 α 与 β 是等价无穷小,记为 $\alpha \sim \beta$.

等价无穷小是同阶无穷小当 $C = 1$ 时的特殊情形.

由定义 2.8 知,当 $x \to 0$ 时,x^2 是比 $2x$ 高阶的无穷小(即 $x^2 = o(2x)$),x 与 $2x$ 是同阶无穷小. 下面是几个常用的等价无穷小.

当 $x \to 0$ 时,

$\sin x \sim x$; $\quad\quad\quad$ $\tan x \sim x$; $\quad\quad\quad$ $\arcsin x \sim x$; $\quad\quad\quad$ $\arctan x \sim x$;

$e^x - 1 \sim x$; $\quad\quad\quad$ $\ln(1+x) \sim x$; $\quad\quad\quad$ $1 - \cos x \sim \dfrac{x^2}{2}$; $\quad\quad\quad$ $(1+x)^\alpha - 1 \sim \alpha x$;

习题 2-2

1. 求下列极限.

(1) $\lim\limits_{x \to 2} \dfrac{x^2 - 4x + 1}{2x + 1}$;

(2) $\lim\limits_{x \to \frac{\pi}{4}} \dfrac{1 + \sin 2x}{1 - \cos 4x}$;

(3) $\lim\limits_{x \to 3} \dfrac{x^2 - 9}{x^2 - 2x - 3}$;

(4) $\lim\limits_{x \to 0} \dfrac{x}{\sqrt{1 + 3x} - 1}$;

(5) $\lim\limits_{x \to 0} \dfrac{\sqrt[3]{1 + mx} - 1}{x}$;

(6) $\lim\limits_{x \to \pi^+} \dfrac{\sqrt{1 + \cos x}}{\sin x}$;

(7) $\lim\limits_{x \to 1} \left(\dfrac{1}{x - 1} - \dfrac{2}{x^2 - 1} \right)$;

(8) $\lim\limits_{x \to \infty} \dfrac{\arctan x}{x}$.

2. 利用等价无穷小性质,求下列极限.

(1) $\lim\limits_{x \to 0} \dfrac{x \sin 5x}{\sin \dfrac{x}{2} \tan 3x}$;

(2) $\lim\limits_{x \to 0} \dfrac{3x + 5x^2 - 7x^3}{4x^3 + 2 \tan x}$;

(3) $\lim\limits_{x \to 0} \dfrac{x + \sin^2 x + \tan x}{\sin x + x^2}$;

(4) $\lim\limits_{x \to 0} \dfrac{\ln(1 + 2x - 3x^2)}{x}$.

第三节 两个重要极限

重要极限 I $\lim\limits_{x \to 0} \dfrac{\sin x}{x} = 1$

观察当 $x \to 0$ 时，$\dfrac{\sin x}{x}$ 的变化情况，见表 2-3.

表 2-3

x	$\pm\dfrac{\pi}{9}$	$\pm\dfrac{\pi}{18}$	$\pm\dfrac{\pi}{36}$	$\pm\dfrac{\pi}{72}$	$\pm\dfrac{\pi}{144}$	$\pm\dfrac{\pi}{288}$	$\to 0$
$\dfrac{\sin x}{x}$	0.979 82	0.994 93	0.998 73	0.999 68	0.999 92	0.999 98	$\to 1$

从表 2-3 中可以看出，随着 x 越来越趋近于 0，$\dfrac{\sin x}{x}$ 越来越趋近于 1. 事实上，我们还可以利用数形结合的方法证明，此处略.

例 1 求 $\lim\limits_{x \to 0} \dfrac{\tan x}{x}$.

解 $\lim\limits_{x \to 0} \dfrac{\tan x}{x} = \lim\limits_{x \to 0} \left(\dfrac{\sin x}{x} \cdot \dfrac{1}{\cos x} \right)$

$= \lim\limits_{x \to 0} \dfrac{\sin x}{x} \cdot \lim\limits_{x \to 0} \dfrac{1}{\cos x} = 1.$

例 2 求 $\lim\limits_{x \to 0} \dfrac{1 - \cos x}{x^2}$.

解 $\lim\limits_{x \to 0} \dfrac{1 - \cos x}{x^2} = \lim\limits_{x \to 0} \dfrac{2\sin^2 \dfrac{x}{2}}{x^2} = \lim\limits_{x \to 0} \dfrac{\sin^2 \dfrac{x}{2}}{2 \cdot \left(\dfrac{x}{2}\right)^2} = \dfrac{1}{2} \lim\limits_{x \to 0} \left(\dfrac{\sin \dfrac{x}{2}}{\dfrac{x}{2}} \right)^2 = \dfrac{1}{2}.$

例 3 求 $\lim\limits_{x \to \pi} \dfrac{\sin x}{\tan x}$.

解 设 $t = x - \pi$，则 $x \to \pi$ 时，$t \to 0$，所以

$\lim\limits_{x \to \pi} \dfrac{\sin x}{\tan x} = \lim\limits_{t \to 0} \dfrac{\sin(\pi + t)}{\tan(\pi + t)} = \lim\limits_{t \to 0} \dfrac{-\sin t}{\tan t}$

$= \lim\limits_{t \to 0} \left(-\dfrac{\sin t}{t} \cdot \dfrac{t}{\tan t} \right) = -1.$

重要极限 II $\lim\limits_{x \to \infty} \left(1 + \dfrac{1}{x}\right)^x = e$ 或 $\lim\limits_{x \to 0} (1 + x)^{\frac{1}{x}} = e$

观察当 $x \to \infty$ 时，$\left(1 + \dfrac{1}{x}\right)^x$ 的变化情况，见表 2-4.

表 2-4

x	$\cdots$	10	10^2	10^3	10^4	10^5	$\cdots$
$\left(1 + \dfrac{1}{x}\right)^x$	$\cdots$	2.593 74	2.704 81	2.716 92	2.718 15	2.718 27	$\cdots$

从表 2-4 中可以看出，当 x 取正整数而趋于 $+\infty$ 时，$\left(1+\dfrac{1}{x}\right)^x$ 越来越趋近于无理数 e（e = 2.718 281 828…），即

$$\lim_{x\to\infty}\left(1+\frac{1}{x}\right)^x = \mathrm{e}.$$

若令 $x = \dfrac{1}{t}$，则 $t = \dfrac{1}{x}$. 当 $x\to 0$ 时，$t\to\infty$，于是有

$$\lim_{x\to 0}(1+x)^{\frac{1}{x}} = \lim_{t\to\infty}\left(1+\frac{1}{t}\right)^t = \mathrm{e}.$$

例 4 求 $\lim\limits_{x\to\infty}\left(\dfrac{x}{1+x}\right)^x$.

解 $\lim\limits_{x\to\infty}\left(\dfrac{x}{1+x}\right)^x = \lim\limits_{x\to\infty}\left(\dfrac{1}{\frac{1+x}{x}}\right)^x = \lim\limits_{x\to\infty}\dfrac{1}{\left(1+\frac{1}{x}\right)^x} = \dfrac{1}{\mathrm{e}}.$

例 5 求 $\lim\limits_{x\to\infty}\left(1+\dfrac{2}{x}\right)^x$.

解 $\lim\limits_{x\to\infty}\left(1+\dfrac{2}{x}\right)^x = \lim\limits_{x\to\infty}\left[\left(1+\dfrac{1}{x/2}\right)^{\frac{x}{2}}\right]^2 = \mathrm{e}^2.$

例 6 求 $\lim\limits_{x\to 0}(1-3x)^{\frac{1}{2x}}$.

解 $\lim\limits_{x\to 0}(1-3x)^{\frac{1}{2x}} = \lim\limits_{x\to 0}\{[1+(-3x)]^{-\frac{1}{3x}}\}^{-\frac{3}{2}} = \mathrm{e}^{-\frac{3}{2}}.$

例 7 求 $\lim\limits_{x\to\infty}\left(1-\dfrac{1}{x}\right)^x$.

解 $\lim\limits_{x\to\infty}\left(1-\dfrac{1}{x}\right)^x = \lim\limits_{x\to\infty}\left\{\left[1+\left(\dfrac{1}{(-x)}\right)\right]^{-x}\right\}^{-1} = \mathrm{e}^{-1}.$

数 e 是一个十分重要的常数，在金融界有着特定的含义．下面来看一个关于定期储蓄的例子．

例 8 四家银行按不同方式（年、半年、月、连续）计算本利和，假设在每个银行存入 1 000 元，年利率为 8%，试问 5 年后四家银行的本利和各为多少？

解 按复利计算，t 年后本利和为

$$P = P_0(1+r)^t.$$

其中，P_0 是最初存入的钱款，r 是年利率，t 是存期（年）．

第一家银行（按年）：$P_1 = 1\,000\times(1+8\%)^5 = 1\,469.33$（元）．

第二家银行（按半年）：$P_2 = 1\,000\times\left(1+\dfrac{0.08}{2}\right)^{5\times 2} = 1\,480.24$（元）．

第三家银行（按月）：$P_3 = 1\,000\times\left(1+\dfrac{0.08}{12}\right)^{5\times 12} = 1\,489.85$（元）．

第四家银行（连续）：先把计息周期缩短，过 $\dfrac{1}{n}$ 年计一次息，此时利率为 $\dfrac{r}{n}$，t 年后的本利和为

$$P = P_0\left(1+\frac{r}{n}\right)^{nt}.$$

若再把一年无限细分，即让 $n \to \infty$，t 年后的本利和为

$$P = \lim_{n \to \infty} P_0 \left(1 + \frac{r}{n}\right)^{nt}$$
$$= P_0 \lim_{n \to \infty} \left(1 + \frac{r}{n}\right)^{nt}$$
$$= P_0 e^{rt}.$$

因此，$P_4 = 1\ 000\ e^{0.08 \times 5} = 1\ 491.82$（元）．

公式 $P(t) = P_0 e^{rt}$ 称为连续复利，抽象成连续变量的形式，可以使它的表述和计算更加简洁，而且能应用更多的工具进行分析和研究．因此在金融活动中一般用它计算复利或者作为复利的模型，类似的处理方式还有人口问题、生物种群问题以及放射性物质的衰变问题等．

在金融界有人称 e 为银行家常数，它有一个有趣的解释：你将 1 元钱存入银行，年利率为 10%，10 年后的本利和恰为数 e，即 $P(t) = P_0 e^{rt} = 1 \cdot e^{0.10 \times 10} = e$．

习题 2-3

1. 计算下列极限．

(1) $\lim\limits_{x \to 0} \dfrac{1 - \cos 2x}{x \sin x}$;

(2) $\lim\limits_{x \to 0} x \cdot \cot x$;

(3) $\lim\limits_{x \to 0} \dfrac{\tan x - \sin x}{x^3}$;

(4) $\lim\limits_{x \to 0} \dfrac{\sin 4x}{\sqrt{x + 1} - 1}$;

(5) $\lim\limits_{x \to 0^-} \dfrac{\sqrt{1 - \cos 2x}}{x}$;

(6) $\lim\limits_{x \to 0} \dfrac{\cos x - \cos 3x}{x^2}$;

(7) $\lim\limits_{x \to \infty} \left(1 + \dfrac{2}{x}\right)^x$;

(8) $\lim\limits_{x \to 0} (1 - 3x)^{\frac{1}{x}}$;

(9) $\lim\limits_{x \to 0} \dfrac{e^{-x} - 1}{x}$;

(10) $\lim\limits_{t \to 0} \dfrac{t}{\ln(1 + xt)}$;

(11) $\lim\limits_{x \to 0} (1 - x)^{\frac{1}{\sin x}}$;

(12) $\lim\limits_{x \to \infty} \left(1 - \dfrac{1}{x^2}\right)^x$.

2. 已知 $\lim\limits_{x \to \infty} \left(\dfrac{x + c}{x - c}\right)^x = 4$，求 c．

第四节　函数的连续性

连续性是函数的重要性态之一，自然界中有许多现象，如气温的变化、动植物的生长、江水的流动等，都是连续地变化着的．本节将运用极限概念对函数的连续性加以描述和研究，并引出函数的连续性的定义和性质．

一、函数连续的概念

直观上看，连续函数的图像是一条连续不间断的曲线，其特点是自变量变化很微小时，

函数 $f(x)$ 的变化也很微小. 为了描述连续这一现象，我们先给出增量（改变量）的概念.

设函数 $y = f(x)$ 在 x_0 的某个邻域内有定义，当自变量 x 在该邻域内从 x_0 变到 x 时，函数值 y 相应地从 y_0 变到 y，则称 $x - x_0$ 为自变量 x 在点 x_0 处的增量（改变量），记为 Δx，称 $y - y_0$ 为函数 $y = f(x)$ 对应的增量（改变量），记为 Δy. 于是 $\Delta x = x - x_0$，$\Delta y = y - y_0 = f(x) - f(x_0)$，如图 2 – 8 所示.

容易看出，函数的增量 Δy 是由自变量的增量 Δx 引起的，自变量的增量 Δx 可正、可负，同样函数的增量 Δy 也可正、可负，当然也可以为 0.

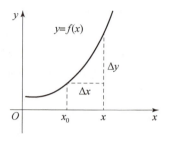

图 2 – 8

定义 2.9 设函数 $y = f(x)$ 在点 x_0 的某一邻域内有定义，如果
$$\lim_{\Delta x \to 0} \Delta y = 0,$$
则称函数 $y = f(x)$ 在点 x_0 处连续.

因为 $\Delta x = x - x_0$，$\Delta y = y - y_0 = f(x) - f(x_0)$，所以函数连续的定义又可叙述如下：

定义 2.10 设函数 $y = f(x)$ 在点 x_0 的某一邻域内有定义，如果
$$\lim_{x \to x_0} f(x) = f(x_0),$$
则称函数 $y = f(x)$ 在点 x_0 处连续.

由定义 2.10 可知，函数 $f(x)$ 在点 x_0 处连续必须满足三个条件：

（1）$f(x_0)$ 存在；

（2）$\lim\limits_{x \to x_0} f(x)$ 存在；

（3）$\lim\limits_{x \to x_0} f(x) = f(x_0)$.

这三个条件提供了判断函数 $f(x)$ 在 x_0 点是否连续的具体方法.

例 1 证明函数 $y = \sin x$ 在 $(-\infty, +\infty)$ 内连续.

证 设 x_0 为 $(-\infty, +\infty)$ 内任意一点，当自变量 x 在点 x_0 处有增量 Δx 时，相应地，$\Delta y = f(x_0 + \Delta x) - f(x_0) = \sin(x_0 + \Delta x) - \sin(x_0) = 2\sin\dfrac{\Delta x}{2}\cos\left(x_0 + \dfrac{\Delta x}{2}\right)$.

当 $\Delta x \to 0$ 时，$\sin\dfrac{\Delta x}{2} \to 0$，而 $\left|\cos\left(x_0 + \dfrac{\Delta x}{2}\right)\right| \leqslant 1$，所以，当 $\Delta x \to 0$ 时，$\Delta y \to 0$，即 $f(x)$ 在 x_0 处连续，由 x_0 的任意性知，$y = \sin x$ 在区间 $(-\infty, +\infty)$ 内连续.

同理可证 $y = \cos x$ 在 $(-\infty, +\infty)$ 内连续.

例 2 讨论函数 $f(x) = 2x + 1$ 在点 $x = 1$ 处的连续性.

解 因为函数 $f(x) = 2x + 1$ 在点 $x = 1$ 的任意邻域内有定义，且 $\lim\limits_{x \to 1}(2x + 1) = 3 = f(1)$，所以，函数 $f(x) = 2x + 1$ 在点 $x = 1$ 处连续.

如果函数 $y = f(x)$ 在开区间 (a, b) 内每一点都连续，则称函数 $y = f(x)$ 在区间 (a, b) 内连续，也称函数 $y = f(x)$ 是区间 (a, b) 内的连续函数. 若函数 $y = f(x)$ 在区间 (a, b) 内连续，且在左端点 a 处右连续，在右端点 b 处左连续，则称函数 $y = f(x)$ 在闭区间 $[a, b]$ 上连续.

二、函数的间断点

实际应用中所遇到的函数绝大多数是连续的,有的也只是在个别点处不连续,称不连续的点为间断点. 连续与间断是矛盾的对立统一,了解其中的一个可以帮助我们分析和掌握另外一个.

根据函数在某点连续的定义可知,若函数 $f(x)$ 在点 x_0 处有下列情况之一,则称 x_0 为 $f(x)$ 的一个间断点.

(1) $f(x_0)$ 没有定义;

(2) 虽然 $f(x_0)$ 有定义,但 $\lim\limits_{x \to x_0} f(x)$ 不存在;

(3) 虽然 $f(x_0)$ 有定义,且 $\lim\limits_{x \to x_0} f(x)$ 存在,但 $\lim\limits_{x \to x_0} f(x) \neq f(x_0)$.

例如,函数 $f(x) = \dfrac{x^2 - 1}{x - 1}$ 在点 $x = 1$ 处没有定义,所以点 $x = 1$ 是函数 $f(x) = \dfrac{x^2 - 1}{x - 1}$ 的间断点(见图 2-9). 此类间断点称为可去间断点.

例如,函数 $f(x) = \begin{cases} x^2 & x \leq 0 \\ x + 1 & x > 0 \end{cases}$ 在 $x = 0$ 处,有 $\lim\limits_{x \to 0^-} f(x) = \lim\limits_{x \to 0^-} x^2 = 0$, $\lim\limits_{x \to 0^+} f(x) = \lim\limits_{x \to 0^+} (x + 1) = 1$,左、右极限存在但不相等,$\lim\limits_{x \to x_0} f(x)$ 不存在,故 $x = 0$ 是 $f(x)$ 的间断点(见图 2-10). 此类间断点称为跳跃间断点.

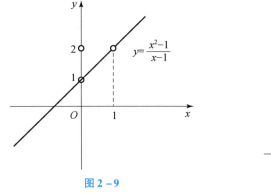

图 2-9

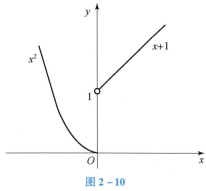

图 2-10

例如,$f(x) = \dfrac{1}{x}$ 在点 $x = 0$ 处没有定义,所以点 $x = 0$ 是函数 $f(x) = \dfrac{1}{x}$ 的间断点. 因为 $\lim\limits_{x \to 0} \dfrac{1}{x} = \infty$,我们称点 $x = 0$ 为函数 $f(x) = \dfrac{1}{x}$ 的无穷间断点.

三、初等函数的连续性

由函数连续的定义和极限的四则运算法则,可以得到

定理 2.3 若函数 $f(x)$ 和 $\varphi(x)$ 在点 x_0 处连续,则 $f(x) \pm \varphi(x)$、$f(x) \cdot \varphi(x)$ 及 $\dfrac{f(x)}{\varphi(x)}$ ($\varphi(x) \neq 0$)在点 x_0 处也连续.

证明略.

例如，已知 $\sin x$、$\cos x$ 在 $(-\infty, +\infty)$ 内连续，而 $\tan x = \dfrac{\sin x}{\cos x}$，由定理 2.3 可知，$y = \tan x$ 是在其定义区间 $\left(k\pi - \dfrac{\pi}{2}, k\pi + \dfrac{\pi}{2}\right)(k \in \mathbf{Z})$ 内的连续函数．同理，余切函数 $y = \cot x$ 是在其定义区间内的连续函数．

定理 2.4　（反函数的连续性）若函数 $y = f(x)$ 在某区间上单调递增（减）且连续，则它的反函数 $x = \varphi(y)$ 也在对应的区间上单调递增（减）且连续.

例如，$y = \sin x$ 在 $\left[-\dfrac{\pi}{2}, \dfrac{\pi}{2}\right]$ 上单调递增且连续，由定理 2.4 可知，它的反函数 $y = \arcsin x$ 在 $[-1, 1]$ 上也是单调递增且连续的．

定理 2.5　（复合函数的连续性）连续函数的复合函数仍为连续函数．

例如，因为 $y = \sin u$，$u = x^2$ 均为连续函数，所以复合函数 $y = \sin x^2$ 在 $x = \sqrt{\dfrac{\pi}{2}}$ 处连续，则 $\lim\limits_{x \to \sqrt{\pi/2}} \sin x^2 = \sin \left(\sqrt{\dfrac{\pi}{2}}\right)^2 = \sin \dfrac{\pi}{2} = 1$.

前面我们证明了正弦函数和反正弦函数的连续性，同样也可以证明其他基本初等函数在其定义域内都是连续的．因此我们可以得出初等函数连续性的重要结论．

定理 2.6　（初等函数的连续性）一切初等函数在其定义区间内都是连续的.

此定理为求初等函数的极限提供了一个简便方法．设 $f(x)$ 是初等函数，x_0 是其定义区间内的点，则

$$\lim_{x \to x_0} f(x) = f(x_0).$$

例 3　求 $\lim\limits_{x \to \frac{\pi}{4}} \sqrt{3 - \sin 2x}$.

解　$\lim\limits_{x \to \frac{\pi}{4}} \sqrt{3 - \sin 2x} = \sqrt{3 - \sin 2 \cdot \dfrac{\pi}{4}} = \sqrt{2}$.

例 4　求 $\lim\limits_{x \to 1} \mathrm{e}^{\frac{x}{1+x}}$.

解　$\lim\limits_{x \to 1} \mathrm{e}^{\frac{x}{1+x}} = \mathrm{e}^{\frac{1}{1+1}} = \mathrm{e}^{\frac{1}{2}}$.

四、闭区间上连续函数的性质

闭区间上的连续函数具有以下重要性质，这些性质在几何图形上是十分明显的，我们不作证明.

定理 2.7（最值定理）　设函数 $f(x)$ 在闭区间 $[a, b]$ 上连续，则其在 $[a, b]$ 上一定可以取得最大值和最小值.

例如图 2-11 所示.

定理 2.8　（介值定理）闭区间 $[a, b]$ 上的连续函数 $f(x)$ 可以取得最大值与最小值之间的一切值.

设 $f(x)$ 在 $[a, b]$ 上的最小值为 m，最大值为 M，那么对于任何 $C(m < C < M)$，在 (a, b) 内至少有一点 ξ，使 $f(\xi) = C$（见图 2-12）.

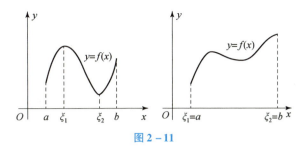

图 2 – 11

推论（零点定理） 若函数 $f(x)$ 在闭区间 $[a,b]$ 上连续，且 $f(a)$ 与 $f(b)$ 异号，则在开区间 (a,b) 内至少有一点 ξ，使 $f(\xi)=0$。

例如图 2 – 13 所示．利用这个推论可以判断方程 $f(x)=0$ 在 (a,b) 内根的存在性．

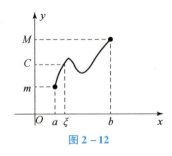

图 2 – 12

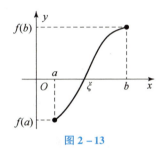

图 2 – 13

例 5 证明方程 $x^3-5x-1=0$ 在区间 $(1,3)$ 内至少有一个实根．

证 因为函数 $f(x)=x^3-5x-1$ 在闭区间 $[1,3]$ 上连续，且 $f(1)=-5,f(3)=11$，为异号．由零点定理可知，在区间 $(1,3)$ 内至少存在一点 ξ，使得 $f(\xi)=0$，即 $\xi^3-5\xi-1=0$．这个等式说明方程 $x^3-5x-1=0$ 在 $(1,3)$ 内至少有一个实根．

习题 2 – 4

1. 讨论下列函数的连续性．

(1) $f(x)=\begin{cases} x & -1\leqslant x\leqslant 1 \\ 1 & x<-1 \text{ 或 } x>1 \end{cases}$；

(2) $f(x)=\begin{cases} x^2+1 & x\leqslant 0 \\ e^x & x>0 \end{cases}$.

2. 指出下列函数的间断点．

(1) $f(x)=\dfrac{x^2-1}{x^2-3x+2}$；

(2) $f(x)=\dfrac{1}{1+e^{\frac{1}{x}}}$；

(3) $f(x)=\dfrac{x^2-x}{|x|(x^2-1)}$；

(4) $f(x)=\begin{cases} x-1 & x\leqslant 1 \\ 3-x & x>1 \end{cases}$.

3. 求函数 $f(x)=\dfrac{x^3+3x^2-x-3}{x^2+x-6}$ 的连续区间，并求极限 $\lim\limits_{x\to 0}f(x)$，$\lim\limits_{x\to 2}f(x)$．

4. 讨论函数．

$$f(x)=\begin{cases} \dfrac{x-1}{x^2-1} & x<1 \\ a & x=1 \\ x-b & x>1 \end{cases}$$

在 $x=1$ 处的极限存在条件和连续条件．

5. 求下列极限.

(1) $\lim_{x \to 0} \sqrt{e^{2x} - 2x + 1}$；

(2) $\lim_{x \to 0} \dfrac{\sin(e^x + 1)}{1 + x}$；

(3) $\lim_{x \to \frac{\pi}{9}} \ln(2\cos 3x)$；

(4) $\lim_{x \to 0} \dfrac{\ln(1 + x)}{\sqrt{1 + x} - 1}$.

6. 证明方程 $x \cdot 2^x = 1$ 至少有一个小于 1 的正根.

第二章 复习题

1. 填空题

(1) 若 $\lim_{x \to x_0} f(x) = A$，则 $f(x)$ 和 A 的关系是_____.

(2) 若 $\lim_{x \to x_0^-} f(x) = f(x_0)$ 且 $\lim_{x \to x_0^+} f(x) = f(x_0)$，则 $\lim_{x \to x_0} f(x) = $ _____.

(3) 若 $x \to 0$ 时，无穷量 $1 - \cos x$ 与 mx^n 等价，则 $m = $ _____，$n = $ _____.

(4) 若 $f(x) = \begin{cases} 5e^{2x} & x < 0 \\ 3x + a & x \geq 0 \end{cases}$ 在 $x = 0$ 处连续，则 $a = $ _____.

(5) 函数 $f(x) = \dfrac{1}{x^2 - 1}$ 的间断点是_____.

(6) 如果 $\lim_{x \to 0} \dfrac{3\sin mx}{2x} = \dfrac{2}{3}$，则 $m = $ _____.

(7) $\lim_{n \to \infty} \left(\dfrac{n - 7}{2n + 1}\right)^2 = $ _____.

(8) $\lim_{x \to \infty} \dfrac{1}{x} \sin x = $ _____.

(9) $\lim_{n \to \infty} \left(\dfrac{1 + 2 + \cdots + n}{n} - \dfrac{n}{2}\right) = $ _____.

(10) 函数 $f(x) = \begin{cases} x^2 + 1 & x > 0 \\ x - 1 & x \leq 0 \end{cases}$ 的间断点是_____.

2. 选择题

(1) 若 $\lim_{x \to 2^+} f(x) = \lim_{x \to 2^-} f(x) = A$，则（　　）.

A. $f(2) = A$
B. $\lim_{x \to 2} f(x) = A$
C. $f(x)$ 在 $x = 2$ 有定义
D. $f(x)$ 在 $x = 2$ 连续

(2) 当 $x \to ($　$)$ 时，$y = \dfrac{x^2 - 1}{x(x - 1)}$ 是无穷大.

A. 0   B. 1   C. $+\infty$ D. $-\infty$

(3) 设 $f(x) = \dfrac{|x|}{x}$，则 $\lim_{x \to 0} f(x) = ($　$)$.

A. 1   B. -1 C. 0   D. 不存在

(4) 若 $f(x)$ 在 $[a, b]$ 上连续，且（　　），则 $f(x) = 0$ 在 (a, b) 内至少有一个实数根.

A. $f(a) = f(b)$ B. $f(a) \neq f(b)$ C. $f(a)f(b) < 0$ D. $f(a)f(b) > 0$

(5) 设函数 $f(x) = \begin{cases} x-1 & x \leq 0 \\ x^2 & x > 0 \end{cases}$，则 $\lim\limits_{x \to 0} f(x) = ($ 　 $)$.

A. 1　　　　　B. -1　　　　　C. 0　　　　　D. 不存在

(6) $\lim\limits_{x \to 0}\left(\cot x - \dfrac{1}{x}\right) = ($ 　 $)$.

A. 2　　　　　B. 1　　　　　C. 0　　　　　D. $\dfrac{1}{2}$

(7) 当 $x \to 0$ 时，下列的无穷小量中，与 x 等价的函数是（ 　 ）.

A. $\tan 3x$　　　B. $\sin 2x$　　　C. $\ln(1+x)$　　　D. x^2

(8) 函数 $f(x)$ 在 x_0 处左右连续是 $f(x)$ 在 x_0 处连续的（ 　 ）.

A. 充分不必要条件　　　　　B. 必要不充分条件
C. 充分必要条件　　　　　　D. 非充分非必要条件

(9) 下列极限存在的是（ 　 ）.

A. $\lim\limits_{x \to 0} e^{\frac{1}{x}}$　　B. $\lim\limits_{x \to 0} \dfrac{1}{2^x - 1}$　　C. $\lim\limits_{x \to 0} \sin \dfrac{1}{x}$　　D. $\lim\limits_{x \to \infty} \dfrac{x(x+1)}{x^2}$

(10) 若 $f(x) = \begin{cases} x^2 + 2x - 2 & x \leq 1 \\ 2x & 1 < x \leq 2 \\ \dfrac{x^2 - 4}{x - 2} & x > 2 \end{cases}$，则有（ 　 ）.

A. $f(x)$ 在 $x=1$，$x=2$ 处间断

B. $f(x)$ 在 $x=1$，$x=2$ 处连续

C. $f(x)$ 在 $x=1$ 处间断，在 $x=2$ 处连续

D. $f(x)$ 在 $x=1$ 处连续，在 $x=2$ 处间断

3. 利用无穷小性质求极限.

(1) $\lim\limits_{x \to 0} \dfrac{\tan 3x}{2x}$;　　　　　　　(2) $\lim\limits_{x \to 0} \dfrac{\sin x^n}{(\sin x)^m}$;

(3) $\lim\limits_{x \to 0} \dfrac{1 - \cos ax}{\sin^2 x}$;　　　　　(4) $\lim\limits_{x \to 0} \dfrac{\tan x - \sin x}{x^3}$.

4. 求下列极限值.

(1) $\lim\limits_{x \to 1} \dfrac{x^2 - 7x + 9}{x^2 - 7}$;　　　　(2) $\lim\limits_{x \to \infty} \dfrac{3x^2 + 2}{1 - 4x^2}$;

(3) $\lim\limits_{x \to 0} \dfrac{\sin 5x}{3x}$;　　　　　　(4) $\lim\limits_{x \to 0} \dfrac{\tan 2x}{x}$;

(5) $\lim\limits_{x \to 0} (1 - 4x)^{\frac{1-x}{x}}$;　　　　(6) $\lim\limits_{x \to 0} \left(\dfrac{1+x}{1-x}\right)^{\frac{1}{x}}$;

(7) $\lim\limits_{x \to 0} \dfrac{x^2}{1 - \sqrt{1 + x^2}}$;　　　(8) $\lim\limits_{x \to 1} \dfrac{\sqrt{5x - 4} - \sqrt{x}}{x - 1}$;

(9) $\lim\limits_{x \to 0} \dfrac{\log_a(x+1)}{x}$;　　　　(10) $\lim\limits_{x \to 0} \dfrac{1 - \cos 2x}{x \sin x}$;

(11) $\lim\limits_{x \to 0} \dfrac{\sqrt{1+x} - \sqrt{1-x}}{x}$;　　(12) $\lim\limits_{x \to \infty} \sqrt{x}(\sqrt{x+a} - \sqrt{x})$;

(13) $\lim\limits_{x\to\infty} \dfrac{(x-1)(x-2)(x-3)}{(1-4x)^3}$；

(14) $\lim\limits_{x\to\infty} \dfrac{e^{-x}-1}{x}$；

(15) $\lim\limits_{x\to 0} x\sin\dfrac{1}{x}$；

(16) $\lim\limits_{x\to 9} \dfrac{x-2\sqrt{x}-3}{x-9}$；

(17) $\lim\limits_{x\to 1} \dfrac{\cos\dfrac{\pi}{2}x}{1-x}$；

(18) $\lim\limits_{x\to\infty} \left(\dfrac{3x-2}{3x+1}\right)^{2x-1}$；

(19) $\lim\limits_{x\to 0} \dfrac{\arcsin x}{x}$；

(20) $\lim\limits_{x\to 0} \dfrac{\sin(-2x)}{\ln(1+2x)}$.

5. 计算.

(1) $\lim\limits_{x\to 0} \dfrac{\ln(1+\alpha x)}{x}$ （α 为常数）；

(2) $\lim\limits_{n\to\infty} \{n[\ln(n+1)-\ln n]\}$；

(3) 若 $\lim\limits_{x\to 0} \dfrac{\sqrt{x+1}-1}{\sin kx} = e$，求 k 的值.

6. 已知函数 $f(x) = \begin{cases} -\dfrac{2}{\cos\pi x} & x<1 \\ 0 & x=1 \\ \dfrac{x-1}{\sqrt{x-1}} & x>1 \end{cases}$，问 $f(x)$ 在 $x=-1$，$x=\dfrac{1}{2}$，$x=1$，$x=2$ 处是否连续？

7. 设 $f(x) = \begin{cases} e^{\frac{1}{x}} & x<0 \\ x & 0\leq x\leq 1 \\ \dfrac{\ln x^2}{x-1} & x>1 \end{cases}$，讨论 $f(x)$ 在点 $x=0$，$x=1$ 处的连续性.

8. 证明方程 $x^3-3x=1$ 在 (1, 2) 内至少有一个实根.

学习评价

姓名		学号		班级	
第二章			极限与连续		
	知识点		已掌握内容		需进一步学习内容
知识点1	极限的概念				
知识点2	极限的运算				
知识点3	两个重要极限				
知识点4	函数的连续性				

第三章 导数与微分

知识目标

1. 了解导数的定义；了解导数的物理意义；了解可导与连续的关系.
2. 熟练掌握导数的四则运算法则和反函数的求导法则.
3. 了解高阶导数的概念，会求某些简单函数的 n 阶导数.
4. 会求隐函数的导数.
5. 了解微分的四则运算法则，会求函数的微分；了解微分在近似计算中的应用.

素质目标

导数最早是法国数学家费马在研究作曲线的切线和求函数极值的方法时用到的. 导数最初用于解决切线问题和极值问题. 数学的产生来源于实际应用，我们要将学到的数学知识应用到实际，发挥其作用，学习导数的概念时，应学习具体到抽象、特殊到一般的思维方法；领悟极限思想；提高类比、归纳、抽象概括的思维能力.

导数与微分是微分学中两个重要的基本概念. 导数反映的是函数相对于自变量变化的快慢程度，即变化率问题，而微分反映的是当自变量有微小改变时，函数改变的近似值问题. 本章将以极限理论为工具讨论导数和微分的概念、性质以及计算方法等.

第一节 导数概念

一、引例

(1) 变速直线运动的瞬时速度

设一个质点 M 做直线运动，已知运动方程 $s = s(t)$，现在求质点 M 在 t_0 时刻的瞬时速度.

当时间 t 从 t_0 变到 $t_0 + \Delta t$ 时，质点 M 的路程从 $s(t_0)$ 变到 $s(t_0 + \Delta t)$，其路程的增量为
$$\Delta s = s(t_0 + \Delta t) - s(t_0).$$
于是，比值
$$\frac{\Delta s}{\Delta t} = \frac{s(t_0 + \Delta t) - s(t_0)}{\Delta t}$$
是质点 M 在 $[t_0, t_0 + \Delta t]$ 这段时间内的平均速度，此平均速度近似地反映了质点 M 在时刻 t_0 的快慢程度. 若 t 越接近 t_0（即 $|\Delta t|$ 越小），则平均速度就越接近 t_0 时刻的瞬时速度. 因此，平均速度 $\frac{\Delta s}{\Delta t}$ 当 $\Delta t \to 0$ 时的极限就是质点 M 在 t_0 时刻的瞬时速度. 即

$$v(t_0) = \lim_{\Delta t \to 0} \frac{\Delta s}{\Delta t} = \lim_{\Delta t \to 0} \frac{s(t_0 + \Delta t) - s(t_0)}{\Delta t}$$

(2) 曲线的切线斜率

由解析几何可知,要写出过曲线上一点 (x_0, y_0) 的切线方程,只要知道过此点的切线的斜率就可以了. 那么,切线的斜率又是如何描述的呢?

如图 3-1 所示,设 $M(x_0, y_0)$ 为曲线 $y = f(x)$ 上的一点,当自变量 x 在点 x_0 处取得增量 Δx 时,在曲线 $y = f(x)$ 上相应地得到另一点 $P(x_0 + \Delta x, y_0 + \Delta y)$. 过点 M、P 的割线,设其倾斜角为 φ,则割线 MP 的斜率为 $\tan \varphi = \frac{\Delta y}{\Delta x}$.

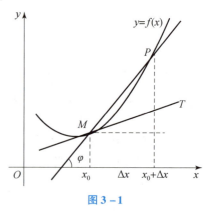

图 3-1

当点 P 沿曲线移动而无限接近于点 M,即 $\Delta x \to 0$ 时,割线 MP 就越来越接近点 M 处切线的位置,此时割线的斜率就无限接近切线的斜率. 因此,当 $\Delta x \to 0$ 时,割线 MP 斜率的极限就是切线的斜率,即

$$k = \lim_{\Delta x \to 0} \tan \varphi = \lim_{\Delta x \to 0} \frac{\Delta y}{\Delta x}.$$

于是,以此极限值为斜率,过点 M 的直线 MT 就是曲线 $f(x)$ 在点 M 处的切线.

以上所讲实际问题都是用极限来描述的,它们在计算上都可以归结为形如

$$\lim_{\Delta x \to 0} \frac{f(x_0 + \Delta x) - f(x_0)}{\Delta x} = \lim_{\Delta x \to 0} \frac{\Delta y}{\Delta x}$$

的极限问题. 其中,$\frac{\Delta y}{\Delta x}$ 是函数的增量与自变量的增量之比,它表示函数的平均变化率. 这样的变化率在实际问题中很普遍,因此我们将其抽象成函数的导数.

二、导数的定义

定义 3.1 设函数 $y = f(x)$ 在点 x_0 的某一邻域内有定义,当 x 在 x_0 处有增量 Δx 时,相应地,y 有增量 $\Delta y = f(x_0 + \Delta x) - f(x_0)$. 如果 $\lim_{\Delta x \to 0} \frac{\Delta y}{\Delta x}$ 存在,那么称 $f(x)$ 在 x_0 处可导,并把这个极限值称为 $f(x)$ 在点 x_0 处的导数,记为 $y'|_{x=x_0}$,即

$$y'|_{x=x_0} = \lim_{\Delta x \to 0} \frac{\Delta y}{\Delta x} = \lim_{\Delta x \to 0} \frac{f(x_0 + \Delta x) - f(x_0)}{\Delta x}.$$

$f(x)$ 在点 x_0 处的导数也可记为 $f'(x_0)$,$y'(x_0)$,$\frac{dy}{dx}\bigg|_{x=x_0}$ 或 $\frac{df(x)}{dx}\bigg|_{x=x_0}$.

有了导数概念之后,前面所举的两个例子就可用导数来表达了:曲线 $f(x)$ 在点 $(x_0, f(x_0))$ 处的切线的斜率 k 就是函数 $f(x)$ 在点 x_0 处的导数,即 $k = f'(x_0)$;质点 M 在 t_0 时刻的瞬时速度 $v(t_0)$ 就是路程函数 $s(t)$ 在点 t_0 时刻的导数,即 $v(t_0) = s'(t_0)$.

如果令 $x = x_0 + \Delta x$,当 $\Delta x \to 0$ 时,$x \to x_0$,就有

$$f'(x_0) = \lim_{x \to x_0} \frac{f(x) - f(x_0)}{x - x_0},$$

这也是今后常用的一种形式. 若此极限不存在，则称函数 $f(x)$ 在点 x_0 处不可导. 特别地, 若 $\lim\limits_{\Delta x \to 0} \dfrac{\Delta y}{\Delta x} = \infty$，则称 $f(x)$ 在点 x_0 处的导数为无穷大.

例 1 求函数 $f(x) = 2x^2$ 在 $x = 1$ 处的导数.

解 根据导数定义

$$\begin{aligned} f'(1) &= \lim_{\Delta x \to 0} \frac{2(1 + \Delta x)^2 - 2 \times 1^2}{\Delta x} \\ &= \lim_{\Delta x \to 0} \frac{2[2\Delta x + (\Delta x)^2]}{\Delta x} \\ &= \lim_{\Delta x \to 0} 2(2 + \Delta x) \\ &= 4. \end{aligned}$$

定义 3.2 如果 $f(x)$ 在 (a, b) 内的每一点都可导，则称 $f(x)$ 在 (a, b) 内可导，且 $f(x)$ 的导数 $f'(x)$ 仍是 x 的函数，这个新函数 $f'(x)$ 称为 $f(x)$ 的导函数，记为 $f'(x)$，y'，$\dfrac{\mathrm{d}y}{\mathrm{d}x}$ 或 $\dfrac{\mathrm{d}f(x)}{\mathrm{d}x}$.

$$f'(x) = \lim_{\Delta x \to 0} \frac{f(x + \Delta x) - f(x)}{\Delta x}.$$

导函数一般也简称为导数.

根据导数的定义可知，求函数 $y = f(x)$ 的导数 $f'(x)$ 可分为三步：

（1）求增量：$\Delta y = f(x + \Delta x) - f(x)$；

（2）算比值：$\dfrac{\Delta y}{\Delta x} = \dfrac{f(x + \Delta x) - f(x)}{\Delta x}$；

（3）取极限：$y' = \lim\limits_{\Delta x \to 0} \dfrac{\Delta y}{\Delta x}$.

例 2 设 $y = C$（C 是常数），求 y'.

解 （1）求增量：$\Delta y = C - C = 0$；

（2）算比值：$\dfrac{\Delta y}{\Delta x} = 0$；

（3）取极限：$y' = \lim\limits_{\Delta x \to 0} \dfrac{\Delta y}{\Delta x} = \lim\limits_{\Delta x \to 0} 0 = 0$.

即 $(C)' = 0$.

可见，常数的导数等于零.

例 3 求函数 $y = x^3$ 的导数.

解 （1）$\Delta y = (x + \Delta x)^3 - x^3$
$= 3x^2 \Delta x + 3x(\Delta x)^2 + (\Delta x)^3$；

（2）$\dfrac{\Delta y}{\Delta x} = 3x^2 + 3x\Delta x + (\Delta x)^2$；

（3）$y' = \lim\limits_{\Delta x \to 0} \dfrac{\Delta y}{\Delta x} = 3x^2$.

即 $(x^3)' = 3x^2$.

可以证明，对于幂函数 $y = x^\mu$（μ 为常数），有
$$(x^\mu)' = \mu x^{\mu-1}.$$
这就是幂函数的导数公式.

例 4 设 $y = \sin x$，求 y'.

解 （1）$\Delta y = \sin(x + \Delta x) - \sin x$；

（2）$\dfrac{\Delta y}{\Delta x} = \dfrac{\sin(x + \Delta x) - \sin x}{\Delta x}$；

（3）$y' = \lim\limits_{\Delta x \to 0} \dfrac{\Delta y}{\Delta x} = \lim\limits_{\Delta x \to 0} \dfrac{\sin(x + \Delta x) - \sin x}{\Delta x}$

$= \lim\limits_{\Delta x \to 0} \dfrac{2\cos\left(x + \dfrac{\Delta x}{2}\right)\sin\dfrac{\Delta x}{2}}{\Delta x}$

$= \lim\limits_{\Delta x \to 0} \left[\cos\left(x + \dfrac{\Delta x}{2}\right) \cdot \dfrac{\sin\dfrac{\Delta x}{2}}{\dfrac{\Delta x}{2}}\right]$

$= \cos x \cdot 1 = \cos x.$

即 $(\sin x)' = \cos x.$

类似可证 $(\cos x)' = -\sin x$；

$(\ln x)' = \dfrac{1}{x}$；

$(\log_a x)' = \dfrac{1}{x \ln a}.$

三、导数的几何意义

由导数的定义可知，导数的几何意义是：函数 $y = f(x)$ 在点 x_0 处的导数 $f'(x_0)$ 在几何上表示曲线 $y = f(x)$ 在点 $(x_0, f(x_0))$ 处的切线的斜率.

由导数的几何意义容易写出曲线在某点的切线方程与法线方程. 事实上，曲线 $y = f(x)$ 在点 $(x_0, f(x_0))$ 处的切线斜率为 $f'(x_0)$，由解析几何知，此点的切线方程为
$$y - y_0 = f'(x_0)(x - x_0).$$
若 $f'(x_0) \neq 0$，则法线的斜率为 $\dfrac{1}{-f'(x_0)}$，法线方程为
$$y - y_0 = -\dfrac{1}{f'(x_0)}(x - x_0).$$

例 5 求曲线 $f(x) = x^2$ 在点 $(2, 4)$ 处的切线方程和法线方程.

解 因为 $(x^2)' = 2x$，故所求切线斜率 $k = 4$，所以切线方程为
$$y - 4 = 4(x - 2).$$
即
$$4x - y - 4 = 0.$$

法线方程为
$$y - 4 = -\dfrac{1}{4}(x - 2).$$
即
$$x + 4y - 18 = 0.$$

四、可导与连续的关系

若函数 $y=f(x)$ 在点 x_0 处可导，则有

$$\lim_{\Delta x \to 0} \frac{\Delta y}{\Delta x} = f'(x_0).$$

根据函数极限与无穷小的关系，知

$$\frac{\Delta y}{\Delta x} = f'(x_0) + \alpha.$$

其中 α 是当 $\Delta x \to 0$ 时的无穷小．此式也可写成

$$\Delta y = f'(x_0)\Delta x + \alpha \Delta x.$$

因此
$$\lim_{\Delta x \to 0}\Delta y = \lim_{\Delta x \to 0}[f'(x_0)\Delta x + \alpha \Delta x] = 0.$$

故函数 $y=f(x)$ 在点 x_0 处连续，于是得到下面的定理．

定理 3.1　若函数 $y=f(x)$ 在点 x_0 处可导，则函数 $y=f(x)$ 在点 x_0 处必连续．

但这个定理的逆命题不成立，即函数 $y=f(x)$ 在点 x_0 处连续，却不一定在点 x_0 处可导．

例如，函数 $y=f(x)=|x|=\begin{cases} x & x \geqslant 0 \\ -x & x<0 \end{cases}$ 在点 $x=0$ 处连续，但在 $x=0$ 处

$$\lim_{x \to 0^-}\frac{f(x)-f(0)}{x-0} = \lim_{x \to 0^-}\frac{|x|}{x} = \lim_{x \to 0^-}\frac{-x}{x} = -1$$

$$\lim_{x \to 0^+}\frac{f(x)-f(0)}{x-0} = \lim_{x \to 0^+}\frac{|x|}{x} = \lim_{x \to 0^+}\frac{x}{x} = 1,$$

可见函数 $y=|x|$ 在点 $x=0$ 处不可导．

习题 3-1

1. 将一物体垂直上抛，其运动方程为：
$$S = 16.2t - 4.9t^2.$$
试求：（1）在 1 秒末至 2 秒末这一段时间内的平均速度；
（2）在 1 秒末与 2 秒末的瞬时速度．

2. 根据导数定义求下列函数的导数．
（1）$y = ax^2 + bx + c$；
（2）$y = \sqrt{1+x}$．

3. 求下列曲线在指定点的切线方程和法线方程．
（1）$y = 2x - x^3$ 在点 （1, 1）处；
（2）$y = \ln x$ 在点 （1, 0）处．

4. 求过原点（0, 0）与曲线 $y = e^x$ 相切的直线方程．

5. 讨论下列函数在 $x=0$ 处的连续性与可导性．
（1）$y = e^{|x|}$；　　　　　　（2）$y = \sqrt[3]{x^2}$；
（3）$y = \begin{cases} \sin x & x \geqslant 0 \\ x-1 & x<0 \end{cases}$；　　（4）$y = \begin{cases} x^2 \sin \dfrac{1}{x} & x<0 \\ \ln(1+x^2) & x \geqslant 0 \end{cases}.$

6. 设 $f(x) = \begin{cases} x^2 & x \leq 1 \\ ax+b & x > 1 \end{cases}$，为了使函数 $f(x)$ 在 $x=1$ 处连续且可导，应当怎样选定系数 a，b？

7. 若 $f(x)$ 在点 x_0 处 $f'(x_0)$ 存在，试根据导数定义求下列极限.

(1) $\lim\limits_{x \to x_0} \dfrac{f(x) - f(x_0)}{x - x_0}$；

(2) $\lim\limits_{h \to 0} \dfrac{f(x_0 + \alpha h) - f(x_0 - \beta h)}{h}$.

第二节　求导法则

一、导数的四则运算法则

利用导数的定义求已知函数的导数的方法只适合于简单的函数，对于较复杂的函数，还需要用到以下的求导法则.

定理 3.2　若函数 $u(x)$，$v(x)$ 在点 x 处可导，则函数 $u(x) \pm v(x)$，$u(x)v(x)$，$\dfrac{u(x)}{v(x)}$ $(v(x) \neq 0)$ 在点 x 处也可导，且有

(1) $[u(x) \pm v(x)]' = u'(x) \pm v'(x)$；

(2) $[u(x)v(x)]' = u'(x)v(x) + u(x)v'(x)$；

(3) $\left[\dfrac{u(x)}{v(x)}\right]' = \dfrac{u'(x)v(x) - u(x)v'(x)}{[v(x)]^2}$ $(v(x) \neq 0)$.

证　这里以法则 (2) 为例加以证明，其他法则的证明思路与其类似.

令 $y = u(x)v(x)$，则有

$$\begin{aligned}\Delta y &= u(x + \Delta x)v(x + \Delta x) - u(x)v(x) \\ &= [u(x + \Delta x) - u(x)] \cdot v(x + \Delta x) + u(x)[v(x + \Delta x) - v(x)] \\ &= \Delta u \cdot v(x + \Delta x) + u(x) \cdot \Delta v.\end{aligned}$$

由此可得

$$\dfrac{\Delta y}{\Delta x} = \dfrac{\Delta u}{\Delta x} \cdot v(x + \Delta x) + u(x) \cdot \dfrac{\Delta v}{\Delta x}.$$

注意 $v(x)$ 在点 x 处可导，所以在点 x 处连续，故有

$$\lim\limits_{\Delta x \to 0} v(x + \Delta x) = v(x).$$

于是

$$\begin{aligned}y' &= \lim\limits_{\Delta x \to 0} \dfrac{\Delta y}{\Delta x} \\ &= \lim\limits_{\Delta x \to 0} \dfrac{\Delta u}{\Delta x} \cdot \lim\limits_{\Delta x \to 0} v(x + \Delta x) + \lim\limits_{\Delta x \to 0} u(x) \cdot \lim\limits_{\Delta x \to 0} \dfrac{\Delta v}{\Delta x} \\ &= u'(x)v(x) + u(x)v'(x).\end{aligned}$$

即

$$[u(x)v(x)]' = u'(x)v(x) + u(x)v'(x).$$

特别地，$[Cu(x)]' = Cu'(x)$（C 为常数）.

定理 3.2 中的和、差、积运算还可以推广到有限多个可导函数的情况. 例如，设函数 $u(x)$、$v(x)$、$w(x)$ 在 x 处均可导，则有

$$[u(x) \pm v(x) \pm w(x)]' = u(x)' \pm v(x)' \pm w(x)',$$
$$[u(x)v(x)w(x)]' = u'(x)v(x)w(x) + u(x)v'(x)w(x) + u(x)v(x)w'(x).$$

例1 求下列函数的导数.

(1) $y = x^2 + \sin x$; (2) $y = 10x^5 \ln x$; (3) $y = \dfrac{x^2 - 1}{x^2 + 1}$.

解 (1) $y' = (x^2)' + (\sin x)' = 2x + \cos x$

(2) $y' = (10x^5 \ln x)' = 10(x^5 \ln x)'$
$= 10\left(5x^4 \ln x + x^5 \cdot \dfrac{1}{x}\right)$
$= 10x^4 (5\ln x + 1)$;

(3) $y' = \dfrac{(x^2 + 1)(x^2 - 1)' - (x^2 - 1)(x^2 + 1)'}{(x^2 + 1)^2}$
$= \dfrac{(x^2 + 1) \cdot 2x - (x^2 - 1) \cdot 2x}{(x^2 + 1)^2}$
$= \dfrac{4x}{(x^2 + 1)^2}$.

二、反函数的求导法则

定理3.3 设函数 $y = f(x)$ 与 $x = \varphi(y)$ 互为反函数,若 $\varphi(y)$ 在 y_0 的某个邻域内单调、可导且 $\varphi'(y_0) \neq 0$,则它的反函数 $y = f(x)$ 在点 x_0 处可导,且 $f'(x_0) = \dfrac{1}{\varphi'(y_0)}$.

证明略.

例2 求反正弦函数 $y = \arcsin x$ 的导数.

解 $y = \arcsin x$ 是 $x = \sin y \left(-\dfrac{\pi}{2} < y < \dfrac{\pi}{2}\right)$ 的反函数,且 $(\sin y)' = \cos y, \cos y > 0$,于是

$$y' = (\arcsin x)' = \dfrac{1}{(\sin y)'} = \dfrac{1}{\cos y}.$$

由于在 $\left(-\dfrac{\pi}{2}, \dfrac{\pi}{2}\right)$ 内,$\cos y = \sqrt{1 - \sin^2 y} = \sqrt{1 - x^2}$.

所以 $(\arcsin x)' = \dfrac{1}{\sqrt{1 - x^2}}$.

类似地 $(\arccos x)' = -\dfrac{1}{\sqrt{1 - x^2}}$;

$(\arctan x)' = \dfrac{1}{1 + x^2}$;

$(\text{arccot } x)' = -\dfrac{1}{1 + x^2}$.

在高等数学里,基本初等函数的导数公式是求解其他函数导数的基础,必须牢记并熟练掌握,现总结如下:

(1) $(C)' = 0$ (C 为常数); (2) $(x^a)' = ax^{a-1}$ (a 为任意实数);

(3) $(a^x)' = a^x \ln a$，$(e^x)' = e^x$；

(4) $(\log_a x)' = \dfrac{1}{x \ln a}$；

(5) $(\ln x)' = \dfrac{1}{x}$；

(6) $(\sin x)' = \cos x$；

(7) $(\cos x)' = -\sin x$；

(8) $(\tan x)' = \dfrac{1}{\cos^2 x} = \sec^2 x$；

(9) $(\cot x)' = -\dfrac{1}{\sin^2 x} = -\csc^2 x$；

(10) $(\sec x)' = \sec x \tan x$；

(11) $(\csc x)' = -\csc x \cot x$；

(12) $(\arcsin x)' = \dfrac{1}{\sqrt{1-x^2}}$；

(13) $(\arccos x)' = -\dfrac{1}{\sqrt{1-x^2}}$；

(14) $(\arctan x)' = \dfrac{1}{1+x^2}$；

(15) $(\operatorname{arccot} x)' = -\dfrac{1}{1+x^2}$.

三、高阶导数

定义3.3 若函数 $y = f(x)$ 的导数 $y' = f'(x)$ 在点 x 处可导，则将 $y' = f'(x)$ 在点 x 处的导数称为函数 $y = f(x)$ 在点 x 处的二阶导数，记作 $f''(x)$、y'' 或 $\dfrac{d^2 y}{dx^2}$，即

$$f''(x) = \lim_{\Delta x \to 0} \dfrac{f'(x+\Delta x) - f'(x)}{\Delta x}.$$

类似地，可由二阶导数 $f''(x)$ 定义三阶导数 $f'''(x)$，由三阶导数 $f'''(x)$ 定义四阶导数 $f^{(4)}(x)$，…，由 $n-1$ 阶导数 $f^{(n-1)}(x)$ 定义 n 阶导数. n 阶导数记作 $f^{(n)}(x)$、$y^{(n)}$ 或 $\dfrac{d^n y}{dx^n}$，即

$$f^{(n)}(x) = [f^{(n-1)}(x)]'.$$

二阶及二阶以上的导数统称为高阶导数.

例3 求下列函数的二阶导数.

(1) $y = \arctan x$；　　(2) $y = x^2 e^x$.

解 (1) $y' = (\arctan x)' = \dfrac{1}{1+x^2}$,

$y'' = (\arctan x)'' = \left(\dfrac{1}{1+x^2}\right)' = -\dfrac{2x}{(1+x^2)^2}$.

(2) $y' = (x^2 e^x)' = 2x e^x + x^2 e^x$,

$y'' = (x^2 e^x)'' = (2x e^x + x^2 e^x)' = 2e^x + 2x e^x + 2x e^x + x^2 e^x = 2e^x + 4x e^x + x^2 e^x$.

习题 3-2

1. 求下列函数的导数.

(1) $y = 2\sin x - \ln x + 3\sqrt{x} - 5$；

(2) $y = \dfrac{x}{2} - \dfrac{2}{x}$；

(3) $y = x^2 \cos x$;

(4) $y = \dfrac{x-1}{x+1}$;

(5) $y = x^a + a^x + a^a$;

(6) $y = (1 + ax^b)(1 + bx^a)$;

(7) $y = \dfrac{\cos x}{x^2}$;

(8) $y = \dfrac{x^2}{x^2+1}$;

(9) $y = \sin x \cdot 10^x$;

(10) $y = \dfrac{1}{1+x+x^2}$;

(11) $y = e^x \sin x \cdot \lg x$;

(12) $y = \dfrac{x \sin x}{1 + \tan x}$.

2. 求下列函数的二阶导数.

(1) $y = 2^x + x^2$;   (2) $y = x \cdot \cos x$;   (3) $y = \tan^2 x$.

3. 求下列函数的 n 阶导数 $y^{(n)}$: $y = xe^x$.

第三节　复合函数和隐函数求导法则

一、复合函数求导法则

定理 3.4　设 $y = f[g(x)]$ 是由 $y = f(u)$ 和 $u = g(x)$ 复合而成的函数,若函数 $u = g(x)$ 在点 x 处可导,$y = f(u)$ 在对应点 u 处可导,则复合函数 $y = f[g(x)]$ 在点 x 处可导,且

$$\frac{dy}{dx} = \frac{dy}{du} \cdot \frac{du}{dx}.$$

也可写成 $y'_x = y'_u \cdot u'_x$ 或 $y'_x = f'(u)g'(x)$.

例 1　求下列函数的导数.

(1) $y = \sin^2 x$;   (2) $y = \ln(x^3 + 1)$.

解　(1) 将 $y = \sin^2 x$ 看成是由 $y = u^2$ 与 $u = \sin x$ 复合而成的函数,故

$$y'_x = y'_u \cdot u'_x = (u^2)'_u \cdot (\sin x)'_x = 2u \cdot \cos x = 2\sin x \cos x = \sin 2x;$$

(2) 将 $y = \ln(x^3 + 1)$ 看成是由 $y = \ln u$ 与 $u = x^3 + 1$ 复合而成的函数,故

$$y'_x = y'_u \cdot u'_x = \frac{1}{u} \times 3x^2 = \frac{3x^2}{x^3 + 1}.$$

在求复合函数的导数时,正确分析其复合结构是很关键的,当熟悉了复合函数的求导法则后,可以不必将中间变量写出来,只要把中间变量所代替的式子默记在心,运用复合函数的求导法则,逐层求导即可. 复合函数的求导法则可以推广到多个中间变量的情形.

例 2　求下列函数的导数.

(1) $y = (3x+5)^3$;   (2) $y = \arctan \dfrac{1}{x}$;   (3) $y = \ln(x + \sqrt{x^2+1})$.

解　(1) $y' = 3(3x+5)^2 \cdot (3x+5)' = 9(3x+5)^2$;

(2) $y' = \dfrac{1}{1 + \left(\dfrac{1}{x}\right)^2} \cdot \left(\dfrac{1}{x}\right)' = \dfrac{x^2}{x^2+1} \cdot \left(-\dfrac{1}{x^2}\right) = \dfrac{-1}{x^2+1}$;

(3) $y' = [\ln(x + \sqrt{x^2+1})]'$

$= \dfrac{1}{x + \sqrt{x^2+1}}(x + \sqrt{x^2+1})'$

$= \dfrac{1}{x + \sqrt{x^2+1}}\left(1 + \dfrac{x}{\sqrt{x^2+1}}\right)$

$= \dfrac{1}{\sqrt{x^2+1}}.$

二、隐函数求导法则

如果因变量 y 与自变量 x 的对应关系可以用一个关于 x 的解析式 $f(x)$ 表示，即 $y = f(x)$，则称用这种形式表示的函数为显函数．若变量 x、y 之间的函数关系是由一个方程 $F(x,y) = 0$ 确定的，则称这种函数为隐函数．

有些隐函数可以化为显函数形式再求导，而有些则不能．不管隐函数能否显化，我们都可以用隐函数求导法解．隐函数求导法是指将方程 $F(x,y) = 0$ 两边同时对 x 求导．遇到 y 时，把 y 看成是 x 的函数，把 y 的函数看成是 x 的复合函数即可．

例 3 求由方程 $e^{xy} = x + y$ 所确定的隐函数的导数 y'．

解 在方程两边对 x 求导，可得

$$e^{xy}(y + xy') = 1 + y',$$

解出 y'，得 $y' = \dfrac{1 - y e^{xy}}{x e^{xy} - 1}.$

在 y' 的表达式中，允许保留 y，而且仍要将 y 看作是 x 的函数．

例 4 求由方程 $y^5 + 2y - x - 3x^7 = 0$ 所确定的隐函数在 $x = 0$ 处的导数 $y'|_{x=0}$．

解 在方程两边对 x 求导，得

$$5y^4 y' + 2y' - 1 - 21x^6 = 0.$$

得

$$y' = \dfrac{1 + 21x^6}{5y^4 + 2}.$$

由原方程可知当 $x = 0$ 时，$y = 0$，将 $x = 0$，$y = 0$ 代入可得

$$y'|_{x=0} = \dfrac{1}{2}.$$

三、对数求导法

对数求导法是指先对等式两边取自然对数，使其变成隐函数形式，然后利用隐函数求导法则求出 y 的导数．

例 5 求 $y = x^{\sin x}(x > 0)$ 的导数．

解 两边取自然对数，得

$$\ln y = \sin x \cdot \ln x,$$

两边对 x 求导，得

$$\dfrac{1}{y} \cdot y' = \cos x \cdot \ln x + \sin x \cdot \dfrac{1}{x},$$

$$y' = y\left(\cos x \cdot \ln x + \frac{\sin x}{x}\right)$$
$$= x^{\sin x}\left(\cos x \cdot \ln x + \frac{\sin x}{x}\right).$$

可见，对数求导法可用于对幂指函数 $y = u(x)^{v(x)}$ 进行求导．

例 6 求 $y = \sqrt[3]{\dfrac{x(x^2+1)}{(x-1)^2}}$ 的导数．

解 在等式两边取自然对数，得

$$\ln y = \frac{1}{3}[\ln x + \ln(x^2+1) - 2\ln(x-1)],$$

两边对 x 求导，得

$$\frac{1}{y}y' = \frac{1}{3}\left(\frac{1}{x} + \frac{2x}{x^2+1} - \frac{2}{x-1}\right)$$
$$y' = \frac{1}{3}y\left(\frac{1}{x} + \frac{2x}{x^2+1} - \frac{2}{x-1}\right)$$
$$= \frac{1}{3} \cdot \sqrt[3]{\frac{x(x^2+1)}{(x-1)^2}}\left(\frac{1}{x} + \frac{2x}{x^2+1} - \frac{2}{x-1}\right).$$

由上例可知，对数求导法也适用于表达式为多个因式的积、商、幂等形式的函数．

习题 3-3

1. 求下列函数的导数．

(1) $y = (4x+1)^5$；

(2) $y = \dfrac{1}{\sqrt{1-x^2}}$；

(3) $y = \sin(x^3)$；

(4) $y = \sec^2 x$；

(5) $y = \sqrt{\dfrac{1+t}{1-t}}$；

(6) $y = \sqrt{1+8x}$；

(7) $y = \sin\sqrt{1+x^2}$；

(8) $y = \ln[\ln(\ln x)]$；

(9) $y = e^{e^x}$；

(10) $y = 2^{\frac{x}{\ln x}}$；

(11) $y = (\arcsin x)^2$；

(12) $y = \arctan\dfrac{1-x}{1+x}$；

(13) $y = \ln\arccos 2x$；

(14) $y = \sqrt{\tan\dfrac{x}{2}}$．

2. 求下列函数的导数．

(1) 已知 $f(t) = \sqrt{1+\cos^2 t^2}$，求 $f'\left(\dfrac{\sqrt{\pi}}{2}\right)$；

(2) 已知 $f(t) = \sin t \cos t$，求 $f'\left(\dfrac{\pi}{4}\right)$；

(3) 已知 $f(x) = \arcsin\dfrac{x+1}{x}$，求 $f'(-5)$．

3. 设 $f(x)$ 可导，试求下列函数的导数.

(1) $y = f(x^2)$；

(2) $y = f(e^{-x} + \sin x)$；

(3) $y = f(\sin^2 x) + f(\cos^2 x)$；

(4) $y = f(\ln x) \ln f(x)$.

4. 求下列方程确定的隐函数 $y = y(x)$ 的导数 y'.

(1) $\sqrt{x} + \sqrt{y} = \sqrt{a}$；

(2) $x^3 + y^3 - 3axy = 0$；

(3) $x = y + \arctan y$；

(4) $\arctan \dfrac{y}{x} = \ln \sqrt{x^2 + y^2}$.

5. 求下列方程确定的隐函数 $y = y(x)$ 在指定点的导数.

(1) 设 $x \ln y - y \ln x = 1$，求 $y'(1)$；

(2) 设 $e^{xy} - x^2 + y^3 = 0$，求 $y'(0)$.

6. 用对数求导法，求下列函数的导数.

(1) $y = \left(\dfrac{x}{1+x} \right)^x$；

(2) $y = (\tan 2x)^{\cot \frac{x}{2}}$.

第四节　微分及其应用

在许多实际问题中，常常要计算当自变量发生微小变化时，相应的函数会有多大的改变．一般来说，计算函数增量的精确值是比较烦琐的，通常只需算出它的近似值就可以了．微分的概念正是由此而产生的．

一、微分的定义

先看一个例子．一质地均匀的边长为 x 的正方形金属薄片，均匀受热后边长增加 Δx，问其面积增加多少？

由已知可得，金属薄片受热前的面积 $S = x^2$，那么，受热后面积的增量为

$$\Delta S = (x + \Delta x)^2 - x^2 = 2x\Delta x + (\Delta x)^2.$$

由图 3–2 可知，上式中第一项 $2x\Delta x$ 为图中斜线阴影部分的面积之和，第二项 $(\Delta x)^2$ 为右上角小正方形的面积．如果 Δx 很小，则 $(\Delta x)^2$ 更小，这时就可以用 $2x\Delta x$ 近似代替面积的增量 ΔS. 故当 Δx 很小时，有近似公式：

$$\Delta S \approx 2x\Delta x.$$

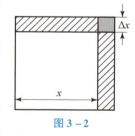

图 3–2

从函数的角度来说，$S = x^2$ 具有这样的特征：任给自变量一个增量 Δx，相应函数值的增量 ΔS 可表示成关于 Δx 的线性部分（即 $2x\Delta x$）与比 Δx 高阶的无穷小部分 [即 $(\Delta x)^2$] 的和．

把这种特殊性质从具体问题中抽象出来，就得到微分的概念．

定义 3.4　设函数 $y = f(x)$ 在点 x 处可导，则称 $f'(x)\Delta x$ 为函数 $y = f(x)$ 在点 x 处的微分，记为 dy 或 $df(x)$，即

$$dy = f'(x)\Delta x \text{ 或 } df(x) = f'(x)\Delta x.$$

显然，函数 $y = f(x)$ 的微分 $dy = f'(x)\Delta x$ 不仅依赖于 Δx，而且也依赖于 x.

例 1　设 $y = f(x) = x^3 + 2x^2 + 4x + 10$，$x = 2$，$\Delta x = 0.01$，求函数的增量与微分.

解 $\Delta y = f(x + \Delta x) - f(x) = f(2.01) - f(2)$
$= 2.01^3 + 2 \times 2.01^2 + 4 \times 2.01 + 10 - (2^3 + 2 \times 2^2 + 4 \times 2 + 10)$
$= 0.240\,801.$

$$dy = f'(x)\Delta x = (3x^2 + 4x + 4)\Delta x$$

将 $x = 2$，$\Delta x = 0.01$ 代入，得

$$dy = (3 \times 2^2 + 4 \times 2 + 4) \times 0.01 = 0.240.$$

比较 dy 与 Δy 知，小数点后前三位一致，可见 $|\Delta x|$ 很小时，两者近似程度很高.

特别地，当 $y = x$ 时，$dy = dx = (x)'\Delta x = 1 \cdot \Delta x = \Delta x.$

可见，自变量 x 的微分 dx 等于自变量 x 的增量 Δx，即 $dx = \Delta x$. 于是 $y = f(x)$ 在点 x 处的微分 dy 可写成

$$dy = f'(x)dx \left(\text{或}\frac{dy}{dx} = f'(x)\right).$$

因此，导数也称为微商，可导函数也称可微函数. 求导数和求微分在本质上没什么区别，通常把它们统称为微分法.

二、微分的几何意义

函数 $y = f(x)$ 在点 x_0 处的导数 $f'(x_0)$ 是点 $M(x_0, y_0)$ 处的切线 MT 的斜率，即 $\tan \alpha = f'(x_0)$. 当自变量在点 x_0 处取得增量 Δx 时，相应的函数增量 $\Delta y = NP$，而在点 $M(x_0, y_0)$ 处的切线 MT 上纵坐标的增量 $NT = \tan \alpha \cdot MN = f'(x_0) \cdot \Delta x = dy.$

可见，微分的几何意义是：函数的微分 dy 就是曲线在点 $M(x_0, y_0)$ 处的切线 MT 的纵坐标的增量. 因此，用微分近似代替增量 Δy，就是用函数曲线在点 $M(x_0, y_0)$ 处的切线纵坐标的增量 NT 近似代替曲线 $y = f(x)$ 的纵坐标的增量 NP，如图 3-3 所示.

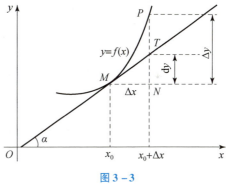

图 3-3

三、微分公式和运算法则

1. 基本微分公式

由关系式 $dy = f'(x)dx$ 可知，只要知道函数的导数，就能立刻写出它的微分. 因此，由基本导数公式容易得出相应的基本微分公式：

$d(C) = 0;$ $d(x^a) = ax^{a-1}dx;$

$d(\sin x) = \cos x dx;$ $d(\cos x) = -\sin x dx;$

$d(\tan x) = \sec^2 x dx;$ $d(\cot x) = -\csc^2 x dx;$

$d(\sec x) = \sec x \tan x dx;$ $d(\csc x) = -\csc x \cot x dx;$

$d(a^x) = a^x \ln a dx;$ $d(e^x) = e^x dx;$

$d(\log_a x) = \dfrac{1}{x \ln a}dx;$ $d(\ln x) = \dfrac{1}{x}dx;$

$$d(\arcsin x) = \frac{1}{\sqrt{1-x^2}}dx; \qquad d(\arccos x) = \frac{-1}{\sqrt{1-x^2}}dx;$$

$$d(\arctan x) = \frac{1}{1+x^2}dx; \qquad d(\text{arccot}\, x) = \frac{-1}{1+x^2}dx.$$

2. 微分法则

(1) $d(u \pm v) = du \pm dv$；

(2) $d(uv) = udv + vdu$；$d(Cu) = Cdu$（C 为常数）；

(3) $d\left(\dfrac{u}{v}\right) = \dfrac{vdu - udv}{v^2}\,(v \neq 0)$.

3. 复合函数的微分

设 $y = f(u)$ 及 $u = \varphi(x)$ 均可导，则复合函数 $y = f[\varphi(x)]$ 的微分为

$$dy = f'(u)\varphi'(x)dx.$$

其中 $\varphi'(x)dx = du$，所以 $dy = f'(u)du$. 可见，无论 u 是自变量还是中间变量，$y = f(u)$ 的微分形式总可以写为

$$dy = f'(u)du$$

这一性质称为微分形式不变性.

例 2 求下列函数的微分.

(1) $y = \ln\sin x$；   (2) $y = e^{1-3x}\cos x$.

解 (1) $dy = \dfrac{1}{\sin x}d(\sin x) = \dfrac{1}{\sin x}\cos x\, dx = \cot x\, dx$；

(2) $\begin{aligned}dy &= d(e^{1-3x}\cos x) \\ &= \cos x\, d(e^{1-3x}) + e^{1-3x}d(\cos x) \\ &= (\cos x)e^{1-3x}d(1-3x) + e^{1-3x}(-\sin x)dx \\ &= -e^{1-3x}(3\cos x + \sin x)dx.\end{aligned}$

四、微分在近似计算中的应用

在实际问题中，经常利用微分作近似计算. 前面讲过，如果 $y = f(x)$ 在点 x_0 处的导数 $f'(x_0) \neq 0$，且 $|\Delta x|$ 很小时，有近似公式

$$\Delta y \approx dy = f'(x_0)\Delta x.$$

即 $\qquad f(x_0 + \Delta x) - f(x_0) \approx f'(x_0)\Delta x.$

所以 $\qquad f(x_0 + \Delta x) \approx f(x_0) + f'(x_0)\Delta x.$

这个公式可用来求函数 $y = f(x)$ 在点 $x_0 + \Delta x$ 处的近似值. $|\Delta x|$ 越小，近似程度就越好.

例 3 求 $\sin 29°$ 的近似值.

解 设 $f(x) = \sin x$，则 $f'(x) = \cos x$. 若取 $x_0 = \dfrac{\pi}{6}$，$\Delta x = -\dfrac{\pi}{180}$，由近似公式 $f(x_0 + \Delta x) \approx f(x_0) + f'(x_0)\Delta x$，得

$$\sin 29° = \sin(30° - 1°) = \sin\left(\frac{\pi}{6} - \frac{\pi}{180}\right) \approx \sin\frac{\pi}{6} + \cos\frac{\pi}{6}\left(-\frac{\pi}{180}\right)$$

$$= \frac{1}{2} + \frac{\sqrt{3}}{2}\left(-\frac{\pi}{180}\right) \approx 0.484\,9.$$

例 4 求 $\sqrt{1.05}$ 的近似值.

解 设 $f(x) = \sqrt{x}$, 则 $f'(x) = \frac{1}{2\sqrt{x}}$. 由近似公式得

$$f(x_0 + \Delta x) \approx \sqrt{x_0} + \frac{1}{2\sqrt{x_0}} \cdot \Delta x.$$

令 $x_0 = 1$, $\Delta x = 0.05$, 于是

$$\sqrt{1.05} \approx \sqrt{1} + \frac{1}{2\sqrt{1}} \times 0.05 = 1.025.$$

在实际应用中, 经常取 $x_0 = 0$, 这时 $\Delta x = x$, 于是有

$$f(x) \approx f(0) + f'(0)x$$

由此可以得到一些常用的近似公式（假定 $|\Delta x|$ 很小）：

(1) $\sin x \approx x$; (2) $\tan x \approx x$; (3) $e^x \approx 1 + x$;
(4) $\ln(1 + x) \approx x$; (5) $(1 + x)^a \approx 1 + ax$.

习题 3-4

1. 求下列各函数的微分.

(1) $y = x^3 - 3x^2 + 3x$; (2) $y = 2x - \sin 2x$;

(3) $y = \frac{a}{x} + \arctan\frac{a}{x}$; (4) $y = x\ln x$;

(5) $y = e^{-x}\cos(3 - x)$; (6) $y = \arctan\frac{1 - x^2}{1 + x^2}$;

(7) $y = e^{\sin x^2}$; (8) $y = 5^{\ln\tan x}$.

2. 求隐函数的微分 dy.

(1) $x + \sqrt{xy + y} = 4$; (2) $y = \tan(x + y)$.

3. 填空.

(1) $d(\quad) = 2dx$; (2) $d(\quad) = 3xdx$;

(3) $d(\quad) = \frac{dx}{\sqrt{x}}$; (4) $d(\quad) = \frac{dx}{1 + x}$;

(5) $d(\quad) = \sec^2 x dx$; (6) $d(\quad) = \frac{1}{1 + x^2}dx$.

4. 求下列参数方程表示的函数的导数 $\frac{dy}{dx}$.

(1) $\begin{cases} x = at^2 \\ y = bt^3 \end{cases}$; (2) $\begin{cases} x = a(t - \sin t) \\ y = a(1 - \cos t) \end{cases}$;

(3) $\begin{cases} x = \theta(1-\sin\theta) \\ y = \theta\cos\theta \end{cases}$;   (4) $\begin{cases} x = e^{2t} \\ y = e^{3t} \end{cases}$.

第三章　复习题

1. 填空题

（1）若曲线 $y = f(x)$ 在点 (x_0, y_0) 处可导，则曲线在该点处的切线方程为 _____．

（2）当函数 $y = \lg x$ 的 x 从 1 变到 100 时，自变量 x 的增量 $\Delta x = $ _____，函数 y 的增量 $\Delta y = $ _____．

（3）由方程 $2y - x = \sin y$ 确定了 y 是 x 的隐函数，则 $dy = $ _____．

（4）$(\ln 3)' = $ _____．

（5）设 $y = x \ln x$，则 $y'' = $ _____．

（6）若 $y = \sqrt{x + \sqrt{x}}$，则 $y' = $ _____．

（7）设 $y = 1 + xe^y$，则 $\dfrac{dy}{dx} = $ _____．

（8）$d(\tan 3x) = $ _____．

（9）已知曲线 $y = f(x)$ 在 $x = 2$ 处的切线的倾斜角为 $\dfrac{\pi}{4}$，则 $f'(2) = $ _____．

（10）若 $y = f(x)$ 在 x_0 处可导，则 $\lim\limits_{h \to 0} \dfrac{f(x_0 + h) - f(x_0 - h)}{h} = $ _____．

2. 选择题

（1）设物体的运动方程为 $s = s(t)$，则 $\lim\limits_{\Delta t \to 0} \dfrac{\Delta s}{\Delta t} = \lim\limits_{\Delta t \to 0} \dfrac{s(t_0 + \Delta t) - s(t_0)}{\Delta t}$ 是（　　）．

A. 该物体在时刻 t_0 的瞬时速度　　　　B. 该物体在时刻 t_0 的平均速度

C. 该物体在时刻 t_0 的瞬时加速度　　　D. 该物体在时刻 t_0 的平均加速度

（2）函数 $y = f(x)$ 在 x_0 连续是函数在该点可导的（　　）．

A. 充分但非必要条件　　　　　　　　　B. 必要但非充分条件

C. 充要条件　　　　　　　　　　　　　D. 非充分非必要条件

（3）设函数 $y = |x|$，则函数在点 $x = 0$ 处（　　）．

A. 连续且可导　　　　　　　　　　　　B. 不连续但可导

C. 连续但不可导　　　　　　　　　　　D. 不连续且不可导

（4）函数 $y = f(x)$ 在 x_0 处可导，且 $f'(x_0) > 0$，则曲线 $y = f(x)$ 在点 $(x_0, f(x_0))$ 处切线的倾斜角是（　　）．

A. 0　　　　　　B. $\pi/2$　　　　　　C. 锐角　　　　　　D. 钝角

（5）曲线 $y = x \ln x$ 的平行于直线 $x - y + 1 = 0$ 的切线方程是（　　）．

A. $y = -(x + 1)$　　　　　　　　　　B. $y = x - 1$

C. $y = (\ln x - 1)(x - 1)$　　　　　　D. $y = x$

（6）设曲线 $y = x^2 - x$ 上点 M 处的切线的斜率为 1，则 M 点的坐标为（　　）．

A. $(0, 1)$　　　　B. $(1, 0)$　　　　C. $(1, 1)$　　　　D. $(0, 0)$

(7) 设 $f(x) = e^x$，则 $f'(0) = ($ 　　$)$．

A. e^x 　　　　 B. e 　　　　 C. 1 　　　　 D. 0

(8) 若 $f(x) = (x+10)^6$，则 $f''(0) = ($ 　　$)$．

A. 3×10^6 　 B. 6×10^6 　 C. 3×10^5 　 D. 6×10^5

(9) 若 $x^3 + y^3 - 3xy = 0$，则 $\dfrac{dy}{dx} = ($ 　　$)$．

A. $\dfrac{y-x^2}{x-y^2}$ 　 B. $\dfrac{y-x^2}{y^2-x}$ 　 C. $\dfrac{y^2-x}{x^2-y}$ 　 D. $\dfrac{y^2-x}{y-x^2}$

(10) 若 $y = x^2 - x$，则当 $x = 2$，$\Delta x = 0.1$ 时，$dy = ($ 　　$)$．

A. 0.3 　　　 B. 0.31 　　　 C. 0.32 　　　 D. 0.33

(11) 在下列函数中选取一个填入括号，使 $d($ 　　$) = x^{-\frac{3}{2}} dx$ 成立．

A. $x^{-\frac{1}{2}} + C$ 　 B. $2x^{-\frac{1}{2}} + C$ 　 C. $-2x^{-\frac{1}{2}} + C$ 　 D. $-\dfrac{1}{2} x^{-\frac{1}{2}} + C$

(12) 设 $f(x) = \sin\left(2x + \dfrac{\pi}{2}\right)$，则 $f'\left(\dfrac{\pi}{4}\right) = ($ 　　$)$．

A. 2 　　　　 B. -2 　　　　 C. 0 　　　　 D. 1

3. 求下列函数的导数．

(1) $y = \ln\cos x + \dfrac{e^2}{x}$；

(2) $y = \dfrac{1}{2} \arcsin 2x$；

(3) $y = \dfrac{2t^2 - 3t + \sqrt{t} - 1}{t}$；

(4) $y = \sqrt[3]{\dfrac{(x+1)(x+2)}{(x+3)(x+4)}}$；

(5) $x^y = y^x$．

4. 求下列函数的微分．

(1) $y = \ln^2(1-x)$；

(2) $y = x + \ln y$；

(3) $y = \sin^2 x^2$；

(4) $y = \dfrac{x^3 - 2}{x^3 + 1}$；

(5) $y = \dfrac{x^2}{\ln x}$．

5. 已知某物体的运动规律为 $x = t^3$ (m)，则当 $t = 2$ s 时物体的速度为多少？

6. 求曲线 $y = \sqrt{x}$ 在点 $(1, 1)$ 处的切线方程和法线方程．

7. 若 $y = \sin(x^2 + 1)$，求 $y''(1)$．

8. 计算 $\sqrt{0.97}$ 的近似值．

9. 试研究 $f(x) = \begin{cases} x \cdot \sin \dfrac{1}{x} & x \neq 0 \\ 0 & x = 0 \end{cases}$ 在 $x = 0$ 处的连续性与可导性．

学习评价

姓名		学号		班级	
第三章			导数与微分		
知识点		已掌握内容		需进一步学习内容	
知识点 1	导数概念				
知识点 2	求导法则				
知识点 3	复合函数和隐函数求导法则				
知识点 4	微分及其应用				

第四章 导数的应用

知识目标
1. 熟练运用洛必达法则求极限.
2. 掌握函数的单调性、极值和最值的判定方法；曲线的凹凸性及拐点的判定方法.
3. 能够利用导数的相关知识解决经济领域中的一些实际问题.

素质目标
1. 培养解决问题时由简单到复杂、由特殊到一般的化归思想，培养解决实际问题的能力.
2. 培养正确的人生观，人生就像连绵不断的曲面，起起落落是必经之路，是成长的需要，应做到跌入低谷不气馁，甘于平淡不放任，矗立高峰不张扬.

函数的导数在自然科学与工程技术等各个领域都有着广泛的应用. 本章将利用导数来研究函数的某些性态，包括函数的单调性、极值、最值、凹凸性和拐点等，并利用这些知识解决经济领域中的一些实际问题.

第一节 微分中值定理

定理 4.1（罗尔定理） 如果函数 $y = f(x)$ 满足
（1）在闭区间 $[a, b]$ 上连续；
（2）在开区间 (a, b) 内可导；
（3）区间端点处的函数值相等，即 $f(a) = f(b)$，则在开区间 (a, b) 内至少存在一点 $\xi \in (a, b)$，使得 $f'(\xi) = 0$.

罗尔定理的几何意义：如果连续曲线 $y = f(x)$ 除端点外每一点都存在不垂直于 x 轴的切线，且曲线两个端点的纵坐标相等，则曲线上至少有一点处的切线是平行于 x 轴的（见图 4-1）.

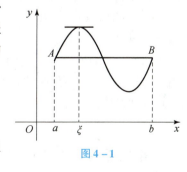

图 4-1

值得注意的是：
（1）罗尔定理的三个前提条件缺一不可.
例如，$f(x) = \begin{cases} x^2 & 0 \leqslant x < 1 \\ 0 & x = 1 \end{cases}$ 满足（2）、（3），不满足（1），结论不成立.

$f(x) = |x|$ （$-1 \leqslant x \leqslant 1$）满足（1）、（3），不满足（2），结论不成立.

$f(x) = x$ （$0 \leqslant x \leqslant 1$）满足（1）、（2），不满足（3），结论不成立.

（2）罗尔定理的三个条件是充分条件但非必要条件.

例如，$f(x)=\begin{cases} -x & -\pi\leqslant x<0 \\ \sin x & 0\leqslant x<\pi \\ 1 & x=\pi \end{cases}$ 不满足罗尔定理的三个条件，但存在 $\xi=\dfrac{\pi}{2}\in(-\pi,\pi)$，使得 $f'\left(\dfrac{\pi}{2}\right)=\cos\dfrac{\pi}{2}=0$。

例如，物体作直线运动，其运动方程为 $y=f(t)$。如果物体在两个不同时刻 $t=t_1$ 和 $t=t_2$ 时处于同一位置，即 $f(t_1)=f(t_2)$，并且物体的运动方程 $f(t)$ 连续、可导，那么根据罗尔定理，在时刻 $t=t_1$ 和 $t=t_2$ 之间必定有某一时刻 $t=t^*$，在该时刻，物体的运动速度为 0，即 $f'(t^*)=0$。上抛运动、弹簧的振动等问题中也都有这个结果。

定理 4.2（拉格朗日中值定理） 如果函数 $y=f(x)$ 满足

（1）在闭区间 $[a,b]$ 上连续；

（2）在开区间 (a,b) 内可导，则在 (a,b) 内至少存在一点 ξ，使得

$$f'(\xi)=\dfrac{f(b)-f(a)}{b-a}.$$

拉格朗日中值定理的几何意义：如图 4-2 所示，在连接 A、B 两点的一条连续曲线上，如果过每一点，曲线都有不垂直于 x 轴的切线，则曲线上至少有一点 $(\xi,f(\xi))$，使过该点的切线平行于直线 AB。

显然，拉格朗日中值定理是罗尔定理的推广，罗尔定理是拉格朗日中值定理的一个特例，在拉格朗日中值定理中，如果令 $f(a)=f(b)$，就得到了罗尔定理。

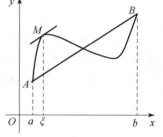

图 4-2

例 1 证明 $\ln(1+h)<h\quad(h>0)$。

证 对于函数 $f(x)=\ln x$ 在 $[1,1+h]$ 上运用拉格朗日中值定理，有

$$f(1+h)-f(1)=f'(\xi)(1+h-1),$$

即

$$\ln(1+h)-\ln 1=\dfrac{1}{\xi}\cdot h\quad(1<\xi<1+h).$$

由此得证

$$\ln(1+h)<h\quad(h>0).$$

下面是拉格朗日中值定理的一个重要推论。

推论 如果函数 $y=f(x)$ 对于任意一个 $x\in(a,b)$，都有 $f'(x)=0$，则 $f(x)$ 在 (a,b) 内是一个常数。

证 对于任意两点 x_1、$x_2\in(a,b)$，不妨设 $x_1<x_2$。由于 $f(x)$ 在 (a,b) 内恒有 $f'(x)=0$，故 $f(x)$ 在 $[x_1,x_2]$ 上连续，在 (x_1,x_2) 内可导。由拉格朗日中值定理知，必存在点 $c\in(x_1,x_2)$，使得

$$f'(c)=\dfrac{f(x_2)-f(x_1)}{x_2-x_1}.$$

又由于 $c\in(a,b)$，故 $f'(c)=0$。

从而

$$\dfrac{f(x_2)-f(x_1)}{x_2-x_1}=0,$$

于是

$$f(x_2)=f(x_1).$$

这就说明 $f(x)$ 在 (a, b) 内任意两点处的函数值都相等,故 $f(x)$ 在 (a, b) 内是一个常数.

例 2 证明 $\arcsin x + \arccos x = \dfrac{\pi}{2}$ $(x \in [-1, 1])$.

证 令 $f(x) = \arcsin x + \arccos x$,

则 $$f'(x) = (\arcsin x + \arccos x)' = \dfrac{1}{\sqrt{1-x^2}} - \dfrac{1}{\sqrt{1-x^2}} = 0.$$

由推论得 $$f(x) = C.$$

又由于 $$f(0) = \arcsin 0 + \arccos 0 = \dfrac{\pi}{2}.$$

故 $$C = \dfrac{\pi}{2}.$$

于是 $$\arcsin x + \arccos x = \dfrac{\pi}{2}.$$

习题 4-1

1. 试举例说明不满足罗尔定理三个条件之一,罗尔定理就不成立.
2. 利用拉格朗日中值定理证明不等式.
$$\dfrac{1}{x+1} < \ln(x+1) - \ln x < \dfrac{1}{x}.$$

第二节 洛必达法则

在第二章我们已经介绍过几种求未定式的方法. 本节将给出求未定式的一般方法——洛必达法则. 洛必达法则是求解 $\dfrac{0}{0}$、$\dfrac{\infty}{\infty}$ 以及其他型未定式的一种行之有效的方法.

一、$\dfrac{0}{0}$ 型未定式的计算

定理 4.3（洛必达法则 I） 如果 $f(x)$ 和 $g(x)$ 满足下列条件

(1) 在点 x_0 的某去心邻域内可导,且 $g'(x) \neq 0$;

(2) $\lim\limits_{x \to x_0} f(x) = 0$,$\lim\limits_{x \to x_0} g(x) = 0$;

(3) $\lim\limits_{x \to x_0} \dfrac{f'(x)}{g'(x)}$ 存在或为无穷大,

则有 $$\lim_{x \to x_0} \dfrac{f(x)}{g(x)} = \lim_{x \to x_0} \dfrac{f'(x)}{g'(x)}.$$

例 1 求 $\lim\limits_{x \to 2} \dfrac{x^3 - 8}{x - 2}$.

解 这是 $\dfrac{0}{0}$ 型未定式,由洛必达法则得

$$\lim_{x\to 2}\frac{x^3-8}{x-2}=\lim_{x\to 2}\frac{(x^3-8)'}{(x-2)'}=\lim_{x\to 2}\frac{3x^2}{1}=12.$$

例 2 求 $\lim\limits_{x\to 0}\dfrac{e^x-1-x}{x^2}$.

解 $\lim\limits_{x\to 0}\dfrac{e^x-1-x}{x^2}=\lim\limits_{x\to 0}\dfrac{(e^x-1-x)'}{(x^2)'}=\lim\limits_{x\to 0}\dfrac{e^x-1}{2x}.$

这仍是一个 $\dfrac{0}{0}$ 型未定式，继续利用洛必达法则，有

原式 $=\lim\limits_{x\to 0}\dfrac{(e^x-1)'}{(2x)'}=\lim\limits_{x\to 0}\dfrac{e^x}{2}=\dfrac{1}{2}.$

二、$\dfrac{\infty}{\infty}$ 型未定式的计算

定理 4.4（洛必达法则 Ⅱ） 如果 $f(x)$ 和 $g(x)$ 满足下列条件

（1）在点 x_0 的某去心邻域内可导，且 $g'(x)\neq 0$；

（2）$\lim\limits_{x\to x_0}f(x)=\infty$，$\lim\limits_{x\to x_0}g(x)=\infty$；

（3）$\lim\limits_{x\to x_0}\dfrac{f'(x)}{g'(x)}$ 存在或为无穷大，

则有
$$\lim_{x\to x_0}\frac{f(x)}{g(x)}=\lim_{x\to x_0}\frac{f'(x)}{g'(x)}.$$

例 3 求 $\lim\limits_{x\to +\infty}\dfrac{\ln x}{x^3}$.

解 这是 $\dfrac{\infty}{\infty}$ 型未定式，由洛必达法则得

$$\lim_{x\to +\infty}\frac{\ln x}{x^3}=\lim_{x\to +\infty}\frac{(\ln x)'}{(x^3)'}=\lim_{x\to +\infty}\frac{\frac{1}{x}}{3x^2}=\lim_{x\to +\infty}\frac{1}{3x^3}=0.$$

例 4 求 $\lim\limits_{x\to +\infty}\dfrac{e^x-1}{x}$.

解 $\lim\limits_{x\to +\infty}\dfrac{e^x-1}{x}=\lim\limits_{x\to +\infty}\dfrac{(e^x-1)'}{(x)'}=\lim\limits_{x\to +\infty}e^x=+\infty.$

例 5 求 $\lim\limits_{x\to \infty}\dfrac{x}{x+\sin x}$.

解 应用洛必达法则得

$$\lim_{x\to \infty}\frac{x}{x+\sin x}=\lim_{x\to \infty}\frac{1}{1+\cos x}.$$

这个极限不存在，那么能够说明原极限不存在吗？实际上

$$\lim_{x\to \infty}\frac{x}{x+\sin x}=\lim_{x\to \infty}\frac{1}{1+\dfrac{\sin x}{x}}=1.$$

我们看到，例 5 应用洛必达法则得到了错误的结论，究其原因可知，这个未定式不满足洛必达法则的前提条件（3），因此不能应用洛必达法则求解.

例 6 $\lim\limits_{x\to +\infty}\dfrac{e^x+e^{-x}}{e^x-e^{-x}}$.

解 应用洛必达法则得

$$\lim_{x\to+\infty}\frac{e^x+e^{-x}}{e^x-e^{-x}}=\lim_{x\to+\infty}\frac{e^x-e^{-x}}{e^x+e^{-x}}=\lim_{x\to+\infty}\frac{e^x+e^{-x}}{e^x-e^{-x}}.$$

继续作下去,势必陷入无限的循环.这是一个满足洛必达法则的三个条件,但无法直接应用洛必达法则计算的例子.

这个极限可求解如下:

$$\lim_{x\to+\infty}\frac{e^x+e^{-x}}{e^x-e^{-x}}=\lim_{x\to+\infty}\frac{e^{2x}+1}{e^{2x}-1}=1.$$

应用洛必达法则求解极限问题时,需注意以下几点:

(1) 在相应条件下,当 $x\to\infty$ 时法则仍然成立(见例3).

(2) 当 $\lim\dfrac{f'(x)}{g'(x)}$ 仍然是未定式时,可继续运用洛必达法则(见例4).

(3) 当 $\lim\dfrac{f'(x)}{g'(x)}$ 不存在时,不能得出 $\lim\dfrac{f(x)}{g(x)}$ 也不存在的结论(见例5).

(4) 有的极限问题,虽属未定式,但用洛必达法则可能无法直接解出(见例6),或即便能解出也太过烦琐,这时我们通常选择其他方法.

三、其他类型未定式的计算

除了 $\dfrac{0}{0}$ 和 $\dfrac{\infty}{\infty}$ 型未定式外,我们经常遇到的未定式还有 $\infty-\infty$、$0\cdot\infty$、0^0、∞^0、1^∞ 等.在计算这些未定式时,通常先化为 $\dfrac{0}{0}$ 或 $\dfrac{\infty}{\infty}$ 型,然后再利用洛必达法则求解.下面我们通过一些例题来说明这几种未定式的计算方法.

例7 求 $\lim\limits_{x\to 0}\left(\dfrac{1}{\sin x}-\dfrac{1}{x}\right)$.

解 这是一个 $\infty-\infty$ 型未定式,我们可以先将其化为 $\dfrac{0}{0}$ 型或 $\dfrac{\infty}{\infty}$ 型,然后再求解.

$$\lim_{x\to 0}\left(\frac{1}{\sin x}-\frac{1}{x}\right)=\lim_{x\to 0}\frac{x-\sin x}{x\sin x},$$

这是一个 $\dfrac{0}{0}$ 型未定式,由洛必达法则得

原式 $=\lim\limits_{x\to 0}\dfrac{(x-\sin x)'}{(x\sin x)'}=\lim\limits_{x\to 0}\dfrac{1-\cos x}{\sin x+x\cos x}=\lim\limits_{x\to 0}\dfrac{\sin x}{2\cos x-x\sin x}=0.$

例8 求 $\lim\limits_{x\to 0^+}x^2\ln x$.

解 这是一个 $0\cdot\infty$ 型未定式,先将它变为 $\dfrac{\infty}{\infty}$ 型,再求解得

$$\lim_{x\to 0^+}x^2\ln x=\lim_{x\to 0^+}\frac{\ln x}{x^{-2}}=\lim_{x\to 0^+}\frac{\dfrac{1}{x}}{-2x^{-3}}$$
$$=\lim_{x\to 0^+}\left(-\frac{1}{2}x^2\right)=0.$$

例 9　求 $\lim\limits_{x\to 1}(1-x)\tan\left(\dfrac{\pi x}{2}\right)$.

解　这是一个 $0\cdot\infty$ 型未定式,我们先将它转化为 $\dfrac{0}{0}$ 型,再求解得

$$\lim_{x\to 1}(1-x)\tan\left(\dfrac{\pi x}{2}\right)=\lim_{x\to 1}\dfrac{(1-x)}{\cot\left(\dfrac{\pi x}{2}\right)}$$

$$=\lim_{x\to 1}\dfrac{-1}{-\dfrac{\pi}{2}\csc^2\left(\dfrac{\pi x}{2}\right)}=\dfrac{2}{\pi}.$$

习题 4-2

计算下列极限.

(1) $\lim\limits_{x\to+\infty}\dfrac{\dfrac{\pi}{2}-\arctan x}{\dfrac{1}{x}}$;

(2) $\lim\limits_{x\to e}\dfrac{\ln x-1}{x-e}$;

(3) $\lim\limits_{x\to a}\dfrac{x^m-a^m}{x^n-a^n}$;

(4) $\lim\limits_{x\to 3}\dfrac{\sqrt{x+1}-2}{x-3}$;

(5) $\lim\limits_{x\to+\infty}\dfrac{\ln\left(1+\dfrac{1}{x}\right)}{\arctan x}$;

(6) $\lim\limits_{x\to 0^+}\dfrac{\ln x}{\ln\sin x}$;

(7) $\lim\limits_{x\to 0}\dfrac{x^2\sin\dfrac{1}{x}}{\sin x}$;

(8) $\lim\limits_{x\to+\infty}\dfrac{2x^3}{e^{x/5}}$;

(9) $\lim\limits_{x\to a}\dfrac{a^x-x^a}{x-a}$ $(a>0)$;

(10) $\lim\limits_{x\to 1}\left(\dfrac{1}{\ln x}-\dfrac{1}{x-1}\right)$;

(11) $\lim\limits_{x\to 0}\left(\dfrac{1}{x}-\dfrac{1}{e^x-1}\right)$;

(12) $\lim\limits_{x\to 0}\left(\dfrac{1}{x\sin x}-\dfrac{1}{x^2}\right)$;

(13) $\lim\limits_{x\to 1}\left(\dfrac{x}{1-x}-\dfrac{1}{\ln x}\right)$;

(14) $\lim\limits_{x\to 0^+}x\ln x$;

(15) $\lim\limits_{x\to+\infty}(\pi-2\arctan x)\ln x$;

(16) $\lim\limits_{x\to 0}\left(\dfrac{\sin x}{x}\right)^{\tfrac{1}{x^2}}$;

(17) $\lim\limits_{x\to\infty}\left(\dfrac{2^{\tfrac{1}{x}}+3^{\tfrac{1}{x}}}{2}\right)^x$;

(18) $\lim\limits_{x\to 0^+}x^{\sin x}$;

(19) $\lim\limits_{x\to 0^+}x^{\tfrac{1}{\ln(e^x-1)}}$;

(20) $\lim\limits_{x\to 0^+}(\cot x)^{\tfrac{1}{\ln x}}$.

第三节　导数在研究函数性态中的应用

一、函数的单调性

利用函数单调性的定义可以判别一些简单函数的单调性，但对于一些较复杂函数的单调性，用定义可能无法判别．下面介绍一种利用导数判别函数单调性的方法．

定理 4.5　设函数 $y=f(x)$ 在 $[a,b]$ 上连续，在 (a,b) 内可导．

（1）如果在 (a,b) 内 $f'(x)>0$，则函数 $y=f(x)$ 在 $[a,b]$ 上单调增加；

（2）如果在 (a,b) 内 $f'(x)<0$，则函数 $y=f(x)$ 在 $[a,b]$ 上单调减少．

定理 4.5 的几何意义为：如果曲线 $y=f(x)$ 在某区间内的切线与 x 轴正向的夹角 α 是锐角（$\tan\alpha>0$），则曲线在该区间内沿 x 轴正向上升（见图 4-3）；如果这个夹角 α 是钝角（$\tan\alpha<0$），则曲线在该区间内沿 x 轴正向下降（见图 4-4）．

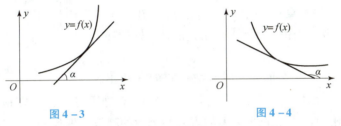

图 4-3　　　　　　　　图 4-4

例 1　求函数 $f(x)=2x^3-9x^2+12x-3$ 的单调区间．

解　函数 $f(x)=2x^3-9x^2+12x-3$ 的定义域为 $(-\infty,+\infty)$，一阶导数为 $f'(x)=6x^2-18x+12=6(x-1)(x-2)$．

令 $f'(x)=0$，得 $x_1=1$，$x_2=2$．它们将定义域分为三个子区间，通过判断各子区间内一阶导数的符号，可以确定各子区间内函数的单调性，列表如下：

x	$(-\infty,1)$	1	$(1,2)$	2	$(2,+\infty)$
$f'(x)$	+	0	-	0	+
$f(x)$	↗	2	↘	1	↗

所以，函数在区间 $(-\infty,1)$ 和 $(2,+\infty)$ 内单调增加，在区间 $(1,2)$ 内单调减少．

例 2　讨论函数 $f(x)=x^{\frac{2}{3}}$ 的单调性．

解　函数 $f(x)=x^{\frac{2}{3}}$ 的定义域为 $(-\infty,+\infty)$，由于 $f'(x)=\frac{2}{3}x^{-\frac{1}{3}}=\frac{2}{3}\cdot\frac{1}{\sqrt[3]{x}}=\frac{2}{3\sqrt[3]{x}}$，因此，当 $x=0$ 时，$f'(x)$ 不存在；当 $x>0$ 时，$f'(x)>0$；当 $x<0$ 时，$f'(x)<0$，列表如下：

x	$(-\infty,0)$	0	$(0,+\infty)$
$f'(x)$	-	不存在	+
$f(x)$	↘	0	↗

所以，函数在 $(-\infty,0)$ 内单调减少，在 $(0,+\infty)$ 内单调增加．

二、函数的极值和最值

1. 函数的极值

定义 4.1 设函数 $f(x)$ 在点 x_0 的某邻域内有定义，若对于该邻域内的任一 $x(x\neq x_0)$，有

$$f(x_0)>f(x) \quad 或 \quad (f(x_0)<f(x)),$$

则称 $f(x_0)$ 为函数 $f(x)$ 的极大值（或极小值），称 x_0 为函数 $f(x)$ 的极大值点（或极小值点）.

函数的极大值和极小值统称为极值，极大值点和极小值点统称为极值点.

例如，在图 4-5 中，$f(x_0)$ 为函数 $f(x)$ 的极大值，x_0 为函数 $f(x)$ 的极大值点；$f(x_0')$ 为函数 $f(x)$ 的极小值，x_0' 为函数 $f(x)$ 的极小值点.

定理 4.6（极值的必要条件） 设函数 $f(x)$ 在点 x_0 处可导，且在 x_0 处取得极值，则函数 $f(x)$ 在点 x_0 处的导数 $f'(x_0)=0$.

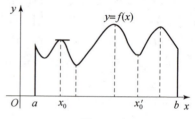

图 4-5

定理 4.6 只对可导函数而言. 但函数在它的导数不存在的点处也可能取得极值，如 $f(x)=|x|$ 在点 $x=0$ 处不可导，但在该点取得极小值.

定义 4.2 使函数的一阶导数为零的点称为函数的驻点. 即使 $f'(x_0)=0$ 的 x_0 称为函数的驻点.

综上所述，函数的极值点必定是函数的驻点或一阶不可导点，但函数的驻点或一阶不可导点不一定是函数的极值点. 下面的定理为我们提供了判定驻点或一阶不可导点是否为极值点的方法.

定理 4.7（极值的第一充分条件） 设函数 $f(x)$ 在点 x_0 处连续，在 x_0 的某一去心邻域内可导.

（1）若 $f'(x)$ 的符号在 x_0 的左侧为负，右侧为正，则 $f(x)$ 在点 x_0 处取得极小值；

（2）若 $f'(x)$ 的符号在 x_0 的左侧为正，右侧为负，则 $f(x)$ 在点 x_0 处取得极大值；

（3）若 $f'(x)$ 的符号在 x_0 的左、右两侧同号，则 $f(x)$ 在点 x_0 处没有极值.

求函数极值的一般步骤如下：

（1）求函数的定义域；

（2）求函数的一阶导数 $f'(x)$；

（3）求函数的驻点与不可导点；

（4）判别导数 $f'(x)$ 在每个驻点两侧的符号，运用定理 4.7 确定函数 $f(x)$ 在各个驻点处是否取得极值. 若取得极值，再确定是极大值还是极小值（列表）；

（5）求出各极值点处的函数值，得到极值.

例 3 求函数 $f(x)=x^3-3x^2+7$ 的极值.

解 函数的定义域为 $(-\infty,+\infty)$，由于 $f'(x)=3x^2-6x=3x(x-2)$，故该函数的驻点为 $x_1=0$ 和 $x_2=2$. 列表如下：

x	$(-\infty, 0)$	0	$(0, 2)$	2	$(2, +\infty)$
$f'(x)$	+	0	-	0	+
$f(x)$	↗	极大值 7	↘	极小值 3	↗

在 $x_1 = 0$ 的左侧，即 $x < 0$ 时，$f'(x) > 0$，函数单调增加；在 $x_1 = 0$ 的右侧，即 $0 < x < 2$ 时，$f'(x) < 0$，函数单调减少，故 $x_1 = 0$ 为极大值点，且极大值 $f(0) = 7$.

在 $x_2 = 2$ 的左侧，即 $0 < x < 2$ 时，$f'(x) < 0$，函数单调减少；在 $x_2 = 2$ 的右侧，即 $x > 2$ 时，$f'(x) > 0$，函数单调增加，故 $x_2 = 2$ 为极小值点，且极小值 $f(2) = 3$.

对于函数在点 x_0 处具有二阶导数的情况，我们有如下极值判别法.

定理 4.8（极值的第二充分条件） 若函数 $f(x)$ 在 x_0 处具有二阶导数且 $f'(x_0) = 0$，$f''(x_0) \neq 0$，则

（1）当 $f''(x_0) > 0$ 时，$f(x)$ 在 x_0 处取得极小值；

（2）当 $f''(x_0) < 0$ 时，$f(x)$ 在 x_0 处取得极大值.

例 4 利用定理 4.8 讨论例 3 中函数的极值点.

解 由于例 3 中 $f'(x) = 3x^2 - 6x = 3x(x-2)$，故 $x_1 = 0$，$x_2 = 2$ 为驻点. 而且
$$f''(x) = 6x - 6 = 6(x-1),$$
$$f''(0) < 0, \quad f''(2) > 0.$$

故函数在 $x_1 = 0$ 处取得极大值，在 $x_2 = 2$ 处取得极小值.

例 5 求函数 $f(x) = x^5$ 的极值.

解 $f'(x) = 5x^4$，求得驻点为 $x = 0$.

而 $f''(x) = 20x^3$，$f''(0) = 0$. 因此无法用定理 4.8 判别. 由于在 $x = 0$ 的左、右两侧均有 $f'(x) = 5x^4 > 0$，故 $x = 0$ 不是极值点，原函数无极值.

2. 函数的最值

极值是函数的一种局部性态，是和与其邻近的所有点的函数值相比较而言的，而最大值、最小值是一个全局概念，是函数在整个区间上全部数值中的最大者、最小者. 在实际问题（如怎样使"用料最省""成本最低"）的计算中，我们经常要归结为求某一函数的最值.

求函数最大值和最小值的一般方法如下：

（1）确定函数的定义域；

（2）求函数的驻点、一阶不可导点；

（3）求函数的驻点、一阶不可导点、闭区间端点处的函数值，并比较这些值的大小，最大者为函数的最大值，最小者为函数的最小值.

例 6 求函数 $f(x) = 2x^3 - 9x^2 + 12x + 5$ 在区间 $[-2, 3]$ 上的最值.

解 $f'(x) = 6x^2 - 18x + 12 = 6(x-1)(x-2)$.

令 $f'(x) = 0$，得 $x_1 = 1$，$x_2 = 2$.

又 $f(1) = 10$，$f(2) = 9$，$f(-2) = -71$，$f(3) = 14$，因而 $f(x)$ 在 $[-2, 3]$ 上的最小值为 -71，最大值为 14.

例 7 求函数 $f(x) = (x-1)^2(x-2)^2$ 在 $(-\infty, +\infty)$ 内的最小值.

解 易知，$\lim\limits_{x\to\infty}f(x)=+\infty$，所以$f(x)$的最大值不存在，最小值必定在$f(x)$的极小值点处取得. 又因为$f(x)$可导，故极小值点必为驻点.

由
$$f'(x)=2(x-1)(x-2)(2x-3),$$

得驻点
$$x_1=1, \ x_2=2, \ x_3=\frac{3}{2}.$$

由于
$$f(1)=0, \ f(2)=0, \ f\left(\frac{3}{2}\right)=\frac{1}{16}.$$

比较得$x_1=1$和$x_2=2$都是$f(x)$的最小值点，最小值为0.

如果某个实际问题可以预先断定必存在最值，并且其对应函数在定义域内只有唯一驻点（同时为极值点），则无须判别即可断定，该驻点处的函数值必为所求最值.

例8 采矿、采石或取土，常用炸药包进行爆破，试问炸药包埋多深，爆破体积最大？

解 由实践统计表明爆破部分呈圆锥状漏斗形（见图4-6），锥面的母线长就是炸药包的爆破半径R，而R是由炸药包所确定的常数.

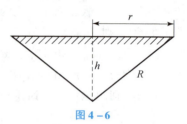

图4-6

设h为炸药包埋藏的深度，则爆破体积为

$$V=V(h)=\frac{1}{3}\pi r^2 h=\frac{1}{3}\pi(R^2-h^2)h \quad (0\leqslant h\leqslant R)$$

问题就转化为求函数$V(h)$的最大值点. 为此，先算出导数

$$V'(h)=\left(\frac{1}{3}\pi r^2 h\right)'=\frac{1}{3}\pi R^2-\pi h^2.$$

再由$V'(h)=0$求出唯一驻点$h=\frac{\sqrt{3}}{3}R\left(h=-\frac{\sqrt{3}}{3}R\text{不在区间}[0,R]\text{内}\right)$.

所以$h=\frac{\sqrt{3}}{3}R$是$V(h)$的最大值点，即当$h=\frac{\sqrt{3}}{3}R$时，爆破体积最大，最大爆破体积为$\frac{2\sqrt{3}}{27}\pi R^3$.

三、曲线的凹凸性和拐点

凹凸性和拐点是函数曲线的一个重要几何性态. 在图4-7中，曲线上任一点的切线均在曲线的下方，这样的曲线是凹的；在图4-8中，曲线上任一点的切线均在曲线的上方，这样的曲线是凸的.

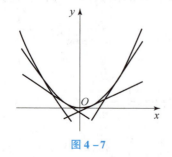

图4-7

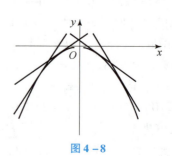

图4-8

函数的几何曲线可能在有些区间内是凹的，也可能在有些区间内是凸的，我们将曲线上的凹凸分界点称为曲线的拐点.

由图 4-7 和图 4-8 还可以看出，凹的曲线上各点切线的斜率随 x 的增大而增大，凸的曲线上各点切线的斜率随 x 的增大而减小，即曲线的凹凸性与 $f'(x)$ 的单调性有关，而 $f'(x)$ 的单调性又可用 $f'(x)$ 的导数 $f''(x)$ 的符号来判定，因此曲线的凹凸性可根据 $f(x)$ 的二阶导数的正负来确定. 此外，在曲线的拐点处，应该有 $f''(x)=0$. 为了方便凹凸区间的判别及拐点的确定，我们引入如下定理.

定理 4.9 若函数 $f(x)$ 在区间 (a,b) 内 $f''(x)>0$，则曲线 $y=f(x)$ 在区间 (a,b) 内是凹的；若函数 $f(x)$ 在区间 (a,b) 内 $f''(x)<0$，则曲线 $y=f(x)$ 在区间 (a,b) 内是凸的.

定理 4.10 如果 $f(x)$ 在点 x_0 处 $f''(x_0)=0$，且在 x_0 两侧的二阶导数 $f''(x)$ 异号，则点 $(x_0,f(x_0))$ 为曲线 $y=f(x)$ 的拐点.

需要注意的是，拐点是曲线上的一个点，而极值点是定义域内的一个点，两者是不同的.

例 9 求曲线 $f(x)=x^3-3x^2$ 的凹凸区间和拐点.

解 $f'(x)=3x^2-6x$, $f''(x)=6x-6=6(x-1)$.

令 $f''(x)=0$ 得 $x=1$.

列表如下：

x	$(-\infty, 1)$	1	$(1, +\infty)$
$f''(x)$	−	0	+
$f(x)$	凸	−2	凹

故当 $x>1$，即 $x\in(1,+\infty)$ 时，$f''(x)>0$，曲线是凹的；
当 $x<1$，即 $x\in(-\infty,1)$ 时，$f''(x)<0$，曲线是凸的；
当 $x=1$ 时，$f''(x)=0$，$f(x)=-2$，于是 $(1,-2)$ 为曲线的拐点.

习题 4-3

1. 求下列函数的单调区间.
   (1) $y=x^3-3x^2-9x+14$；
   (2) $y=2x^2-\ln x$；
   (3) $y=\arctan x-x$；
   (4) $y=\sqrt{x^2-1}$.

2. 求下列函数的极值.
   (1) $y=x^3-3x^2+7$；
   (2) $y=x-\sin x$；
   (3) $y=\dfrac{x^2}{1+x}$；
   (4) $y=\dfrac{3x}{1+x^2}$；
   (5) $y=\sqrt{2x-x^2}$；
   (6) $y=x^2 e^{-x^2}$.

3. 求下列函数在给定区间上的最大值与最小值.
   (1) $y=x^4-2x^2+5$ $[-2,2]$；

(2) $y = 2x^3 - 3x^2$ $[-1, 4]$；

(3) $y = x + \sqrt{1-x}$ $[-5, 1]$.

4. 求下列函数的凸凹区间与拐点.

(1) $y = x^3 - 5x^2 + 3x + 5$；

(2) $y = \ln(x^2 + 1)$；

(3) $y = \dfrac{x}{x^2 - 1}$；

(4) $y = x^3 + \dfrac{1}{4}x^4$.

第四节　导数在经济学中的应用

导数是从很多实际问题中抽象出来的，它在经济分析、决策和管理中具有广泛的应用. 本节将介绍导数在经济学中的两个重要应用——边际分析和弹性分析，以及如何用求最值的方法解决经济活动中的最优化问题.

一、边际分析

在经济领域的应用与研究中，产品成本、销售收入以及利润都是产品数量 Q 的函数，分别记为成本函数 $C(Q)$、收入函数 $R(Q)$ 和利润函数 $L(Q)$. 而对应的导数在经济学中有专门的名称：边际函数.

$C'(Q)$ 称为边际成本，记为 $M_c(Q)$；$R'(Q)$ 称为边际收入，记为 $M_r(Q)$；$L'(Q)$ 称为边际利润，记为 $M_l(Q)$. 要对经济与企业的经营管理进行数量分析，"边际"是一个重要概念，下面以成本为例加以说明.

在设备不变的前提下，设总成本 $C(Q)$ 为产量 Q 的函数. 若在得出任一产量 Q 的总成本 $C(Q)$ 之后，把着眼点放在平均每增加一单位产量所需要的成本增加量上，就得到了平均意义下的边际成本. 这个值可以这样表示，设产量由 Q 增加到 $Q + \Delta Q$，平均意义下的边际成本为

$$\frac{\Delta C}{\Delta Q} = \frac{C(Q + \Delta Q) - C(Q)}{\Delta Q}.$$

这一平均意义下的边际成本不但与 Q 有关，还与产量 Q 的增量 ΔQ 有关. 在经济学中，将刻画产量为 Q 时成本增量与相应产量增量之比的量称为边际成本. 自然，这个边际成本可表示为

$$\lim_{\Delta Q \to 0} \frac{\Delta C}{\Delta Q} = \frac{dC(Q)}{dQ} = C'(Q).$$

即边际成本是总成本 C 关于产量 Q 的导数. 也可类似定义边际收入、边际利润，而据此进行的有关成本、收入、利润等方面的分析称为边际分析.

根据微分的定义我们知道 $dC(Q) \approx \Delta C$.

即 $C'(Q)\Delta Q \approx C(Q + \Delta Q) - C(Q)$，　　令 $\Delta Q = 1$

则 $C'(Q) \approx C(Q + 1) - C(Q)$.

由此可以得出结论，边际成本表示当产量增加 1 个单位时，总成本增加多少.

例 1　某产品生产 Q 单位时的总成本和总收益分别是

$$C(Q) = 300 + 1.1Q \qquad R(Q) = 5Q - 0.003Q^2$$

试求:(1) 边际成本、边际收益和边际利润;
(2) 当产量为 600、700 单位时的边际利润,并说明其经济意义.

解 (1) 边际成本:$C'(Q) = (300 + 1.1Q)' = 1.1$.

边际收益:$R'(Q) = (5Q - 0.003Q^2)' = 5 - 0.006Q$.

边际利润:$L'(Q) = R'(Q) - C'(Q) = 5 - 0.006Q - 1.1 = 3.9 - 0.006Q$.

(2) 当产量为 600、700 单位时的边际利润分别是

$$L'(600) = 3.9 - 0.006 \times 600 = 0.3,$$

$$L'(700) = 3.9 - 0.006 \times 700 = -0.3.$$

上面的结果告诉我们:当产量为 600 单位时,再多生产一个单位的产品,利润将增加 0.3 个单位;当产量为 700 单位时,再多生产一个单位的产品,利润将减少 0.3 个单位.

在经济活动中,有时我们追求最低成本,有时我们追求最大收益,但更多的时候,我们追求的是最大利润. 结合上一节学习的求函数极值和最值的有关方法,我们知道,为了求最大利润,可以令

$$L'(Q) = R'(Q) - C'(Q) = 0,$$

从而得到

$$R'(Q) = C'(Q).$$

但我们知道 $L'(Q) = 0$ 只是取极值的必要条件. 根据定理 4.8,为确保 $L(Q)$ 在此条件下取得最大值,我们希望还有

$$L''(Q) = R''(Q) - C''(Q) < 0.$$

所以我们得到这样的结论:当 $R'(Q) = C'(Q)$ 且 $R''(Q) < C''(Q)$ 时,利润达到最大值. 当然,在问题明显存在最值,并且仅有唯一驻点的情况下,可以直接做出判断.

例 2 设某产品的成本函数和价格函数分别为

$$C(Q) = 3800 + 5Q - \frac{Q^2}{1000}, \quad P(Q) = 50 - \frac{Q}{100}$$

试决定产品的生产量 Q,以使利润达到最大.

解 收益函数为

$$R(Q) = QP(Q) = 50Q - \frac{Q^2}{100}$$

令 $R'(Q) = C'(Q)$,则

$$50 - \frac{Q}{50} = 5 - \frac{Q}{500}.$$

求得 $Q = 2500$,又因为

$$R''(2500) = -\frac{1}{50} < -\frac{1}{500} = C''(2500),$$

所以当生产量为 2500 单位时,利润达到最大.

二、弹性分析

描述一个经济变量的变化引起另一个经济变量变化的程度,就是所谓的"弹性分析".

在商品市场中有两个很重要的函数:需求函数 $Q(p)$ 与供给函数 $S(p)$,其中 p 是商品的

价格. 两个函数分别表示按价格 p 市场上需要和能提供多少这种商品. 虽然影响需求和供给的原因有很多, 但价格始终是一个决定性的因素. 价格高了, 需求会相应降低而供给会相应增加; 价格低了, 需求会相应增加而供给会相应减少.

我们把 $\varepsilon = -p\dfrac{Q'(p)}{Q(p)}$ 称为需求的价格弹性, 添加负号是因为价格的增长会引起需求的衰减, 也可以理解为降价百分之一时, 需求增长的百分数.

因为收益函数 $R(p) = pQ(p)$, 所以

$$R'(p) = pQ'(p) + Q(p) = Q(p)\left[p\dfrac{Q'(p)}{Q(p)} + 1\right] = Q(p)(1-\varepsilon).$$

如果 $R'(p) > 0$, 则 $R(p)$ 递增, 即价格上涨使收益增加; 如果 $R'(p) < 0$, 则 $R(p)$ 递减, 即价格上涨反而使收益减少.

因此有:

(1) 当 $\varepsilon > 1$ 时, $R'(p) < 0$, 此时降价可以使需求上升, 从而使收益增加, 我们称需求是高弹性的.

(2) 当 $\varepsilon = 1$ 时, 此时价格变化对收益不起作用, 我们称需求是不变 (或单位) 弹性的.

(3) 当 $\varepsilon < 1$ 时, $R'(p) > 0$, 此时价格上涨会使需求下降, 但收益会增加, 我们称需求是低弹性的.

需求的价格弹性表示商品的需求量 Q 对价格 p 的灵敏程度, 是指导市场行为的重要指标. 一家公司原来以单价 p 销售产品, 现在想调整价格增加收益. 因为受到需求函数的制约, 提价和降价都可能要冒减少收益的风险. 正确的做法应该是, 首先考虑该产品目前在市场上的需求所能承受的价格变化的能力, 即需求的价格弹性.

类似地可以定义和分析供给弹性.

例 3 已知某商品的需求函数是 $Q(p) = 2 - 0.1p$.

(1) 求需求弹性;

(2) 讨论需求弹性的变化.

解 (1) 由 $Q(p) = 2 - 0.1p$ 知需求弹性为

$$\varepsilon = -p\dfrac{Q'(p)}{Q(p)} = \dfrac{0.1p}{2 - 0.1p}.$$

(2) 当 $\varepsilon = 1$ 时, 得 $p = 10$ 是临界价格, 单位弹性.

因此, 当 $0 < p < 10$ 时, 有 $\varepsilon < 1$, 需求是低弹性的, 此时采用提价的手段会使收益增加; 当 $p > 10$ 时, 有 $\varepsilon > 1$, 需求是高弹性的, 此时采用降价的手段会使收益增加.

三、最值分析

在生产、经营和管理等经济活动中, 总会遇到求最大值或最小值问题, 这就构成了经济优化分析领域, 其中利用导数解决优化问题是一种常用的方法.

例 4 已知某厂生产 x 件产品的成本为

$$C = 25\,000 + 200x + \dfrac{1}{40}x^2.$$

问 (1) 若使平均成本最小,产量应为多少?

(2) 若产品的单价为 500 元,要使利润最大,产量应为多少?

解 (1) 由 $C = 25\,000 + 200x + \dfrac{1}{40}x^2$

得平均成本为 $\bar{C}(x) = \dfrac{25\,000 + 200x + \dfrac{1}{40}x^2}{x} = \dfrac{25\,000}{x} + 200 + \dfrac{1}{40}x.$

下面求 $\bar{C}(x)$ 的最小值

令 $$\bar{C}'(x) = -\dfrac{25\,000}{x^2} + \dfrac{1}{40} = 0,$$

得 $x = \pm 1\,000$,舍去 $x = -1\,000$.

$$\bar{C}''(x) = \dfrac{50\,000}{x^3}, \bar{C}''(1\,000) = \dfrac{50\,000}{1\,000^3} > 0.$$

所以,$x = 1\,000$ 时,$\bar{C}(x)$ 取得极小值. 由于是唯一的极小值,因此,此值也是最小值,故生产 1 000 件产品可使平均成本最小.

(2) 由题意知:收益函数为 $R(x) = 500x.$

因此,利润函数为
$$L(x) = R(x) - C(x) = 500x - \left(25\,000 + 200x + \dfrac{1}{40}x^2\right)$$
$$= -25\,000 + 300x - \dfrac{1}{40}x^2.$$

下面求 $L(x)$ 的最大值

令 $L'(x) = 300 - \dfrac{x}{20} = 0$,得 $x = 6\,000.$

$$L''(x) = -\dfrac{1}{20} < 0.$$

所以,当 $x = 6\,000$ 时,$L(x)$ 取得极大值,由于是唯一的极大值,因此,此值也是最大值. 故要使利润最大,应生产 6 000 件产品.

习题 4-4

1. 某大学生在暑假期间制作并销售珍珠项链,他以 10 元一根的价格出售,每天可售 20 根,当他把价格每提高 1 元时,他每天就少售出 2 根.

(1) 求价格函数(假定它是线性的).

(2) 如果制作一根项链的成本为 6 元,他以什么价格出售,才能获得最大利润?

2. 一电视机制造商以每台 4 500 元的价格出售电视机,每周可售出 1 000 台,当价格每降低 100 元时,每周可多售出 100 台.

(1) 求价格函数.

(2) 如要达到最大收益,应降价多少?

(3) 假如周成本函数为 $C(x) = 68\,000 + 1\,500x$,应降价多少,以获得最大利润?

3. 某厂每批生产 A 商品 x 台的费用为 $C(x) = 5x + 200$（万元），得到的收入为 $R(x) = 10x - 0.01x^2$（万元），问每批生产多少台，才能使利润最大？

4. 设某商品的成本函数为 $C = 1\,000 + 3Q$，需求函数为 $Q = -100p + 1\,000$，其中 p 为该商品单价，求能使利润最大的 p 值.

第四章 复习题

1. 填空题

(1) 如果函数 $f(x)$ 在 $[a, b]$ 上可导，则在 (a, b) 内至少存在一点 ξ，使 $f'(\xi) =$ _____.

(2) 设函数 $f(x)$ 在 (a, b) 内可导，如果在 (a, b) 内 $f'(x) > 0$，则 $f(x)$ 在该区间内 _____；如果在 (a, b) 内 $f'(x) < 0$，则 $f(x)$ 在该区间内 _____；如果在 (a, b) 内 $f'(x) \equiv 0$，则 $f(x)$ 在该区间内 _____.

(3) 函数 $y = \sin x - x$ 在定义域内单调 _____.

(4) 函数 $f(x) = \ln(1 + x^2)$ 在 $[-1, 2]$ 上的最大值为 _____，最小值为 _____.

(5) 函数 $y = 2x^3 - 2x^2$ 图形的拐点坐标为 _____.

(6) 函数 $y = x^3$ 图形的凸区间为 _____，凹区间为 _____.

(7) 函数 $f(x) = (x-1)(x-2)(x-3)$，则方程 $f'(x) = 0$ 有 _____ 个实数根.

(8) 函数 $y = x \cdot 2^x$ 在 $x =$ _____ 处取得极小值.

2. 选择题

(1) 在下列函数中，当 $x \in [-1, 1]$ 时，满足罗尔定理的是（ ）.

A. $y = x^3$ B. $y = \ln|x|$

C. $y = x^2$ D. $y = \dfrac{1}{1-x^2}$

(2) 点 $x = 0$ 是函数 $y = x^4$ 的（ ）.

A. 驻点非极值点 B. 拐点

C. 驻点且是拐点 D. 驻点且是极值点

(3) 若在某区间 $y' > 0$，$y'' < 0$，则曲线 $y = f(x)$ 在该区间的形状为（ ）.

A. 凹状递增 B. 凹状递减 C. 凸状递增 D. 凸状递减

(4) 下列结论正确的是（ ）.

A. 若 $f'(x_0) = 0$，则 x_0 一定是函数 $f(x)$ 的极值点

B. 可导函数的极值点必是此函数的驻点

C. 可导函数的驻点必是此函数的极值点

D. 若 x_0 是函数 $f(x)$ 的极值点，则必有 $f'(x_0) = 0$

(5) $\lim\limits_{x \to \infty} \dfrac{\sin x}{1 + x} =$（ ）.

A. 1 B. 0 C. 不存在 D. 无法计算

(6) 下列函数是单调函数的是（ ）.

A. $y = \ln(1 + x^2)$ B. $y = xe^x$

C. $y = \ln |x|$ D. $y = x + \sin x$

(7) 在下列函数中，以 $x = 0$ 为极值点的函数是（　　）.

A. $y = \arcsin x - x$ B. $y = -x^3$

C. $y = \cos^3 x$ D. $y = \tan x + x$

(8) 函数 $f(x) = \sqrt{5 - 4x}$ 在 $[-1, 1]$ 上的（　　）.

A. 最小值是 $f(1)$ B. 最大值是 $f(1)$

C. 极小值点是 $x = 1$ D. 极大值点是 $x = 1$

(9) 函数 $y = x - \ln(1 + x)$ 的单调递减区间是（　　）.

A. $(-1, +\infty)$ B. $(-1, 0)$

C. $(0, +\infty)$ D. $(-\infty, -1)$

(10) 函数 $y = x^3 - 3x + 1$ 在区间 $[-2, 0]$ 上的最大值是（　　）.

A. -2 B. 4 C. 3 D. 1

3. 计算下列极限.

(1) $\lim\limits_{x \to 1} \dfrac{\ln x}{1 - x}$;

(2) $\lim\limits_{x \to e} \dfrac{\ln x - 1}{x - e}$;

(3) $\lim\limits_{x \to a} \dfrac{x^m - a^m}{x^n - a^n}$;

(4) $\lim\limits_{x \to 3} \dfrac{\sqrt{x + 1} - 2}{x - 3}$;

(5) $\lim\limits_{x \to 0} \dfrac{x^2 \sin \dfrac{1}{x}}{\sin x}$;

(6) $\lim\limits_{x \to 0} \dfrac{e^x - x - 1}{x^2}$;

(7) $\lim\limits_{x \to +\infty} \dfrac{\dfrac{\pi}{2} - \arctan x}{\dfrac{1}{x}}$;

(8) $\lim\limits_{x \to 0} \left(\dfrac{1}{x} - \dfrac{1}{e^x - 1} \right)$;

(9) $\lim\limits_{x \to 1} \left(\dfrac{x}{1 - x} - \dfrac{1}{\ln x} \right)$;

(10) $\lim\limits_{x \to 0^+} x^{\sin x}$.

4. 求下列函数的单调区间和极值.

(1) $f(x) = e^x - x$;

(2) $f(x) = 2x^2 - \ln x$;

(3) $y = x^3 - 3x^2 - 9x + 14$;

(4) $y = \arctan x - x$.

5. 求曲线 $y = 3x^4 - 4x^3 + 1$ 的拐点.

6. 要制造一个容积为 V 的圆柱形带盖圆桶，试问底圆半径 r 和桶高 h 应如何确定，所用材料最省？

7. 设需求函数 Q 关于价格 p 的函数为 $Q = a e^{-bp}$，求

(1) 收益函数及边际收益函数；

(2) 需求价格弹性.

8. 某厂生产的产品，固定成本为 200 元，每多生产一个单位产品，成本增加 10 元，设该产品的需求函数为 $Q = 50 - 2P$，求 Q 为多少时，利润最大？

9. 设某产品的总成本函数为 $C(Q) = Q^3 - 10Q^2 + 60Q + 1\,000$，求边际成本函数及生产第 5 个单位产品的生产成本.

数学家故事

罗尔（Michel Rolle）

罗尔是法国数学家，1652年4月21日生于昂贝尔特，1719年11月8日卒于巴黎.

罗尔出生于小店主家庭，只受过初等教育，且结婚过早，年轻时贫困潦倒，靠充当公证员和律师抄录员的微薄收入养家糊口. 他利用业余时间刻苦自学代数和丢番图的著作，并很有心得. 1682年，他解决了数学家奥扎南提出的一个数论难题，受到了学术界的好评，从而声名鹊起，也使他的生活有了转机，此后担任初等数学教师和陆军部行政官员. 1685年进入法国科学院，担任低级职务，直到1699年才获得科学院发给的固定薪水. 此后他一直在科学院供职，1719年因中风去世.

罗尔在数学上的成就主要是在代数方面，专长于丢番图方程的研究. 罗尔所处的时代正值牛顿、莱布尼茨微积分诞生不久，由于这一新生事物还存在逻辑上的缺陷，因而受到多方非议，其中也包括罗尔，并且他是反对派中最直言不讳的一员. 1700年，在法国科学院发生了一场无穷小方法是否真实的论战. 在这场论战中，罗尔认为无穷小方法由于缺乏理论基础将导致谬误，并说"微积分是巧妙的谬论的汇集". 瓦里格农则为无穷小分析的新方法辩护. 于是罗尔和瓦里格农、索弗尔等人展开了激烈的争论. 约翰·伯努利还讽刺罗尔不懂微积分. 由于罗尔对此问题表现得异常激动，致使科学院不得不屡次出面干预. 直到1706年秋天，罗尔才向瓦里格农、索弗尔等人承认他已经放弃了自己的观点，并充分认识到无穷小分析新方法的价值.

罗尔于1691年在题为《任意次方程的一个解法的证明》的论文中指出：在多项式方程 $f(x)=0$ 的两个相邻实根之间，方程 $f'(x)=0$ 至少有一个实根. 一百多年后，即1846年，龙斯托·伯拉维提斯将这一定理推广到可微函数，并将此定理命名为罗尔定理.

拉格朗日（Joseph–Louis Lagrange）

拉格朗日是法国数学家、力学家和天文学家，1736年1月25日生于意大利西北部的都灵，1813年4月10日卒于巴黎. 他少年时读了哈雷介绍的牛顿微积分成就的短文，从此对分析学产生了兴趣. 他与欧拉常有书信往来，在探讨数学难题"等周问题"的过程中，当时只有18岁的他就以纯分析的方法发展了欧拉所开创的变分法，从而为变分法奠定了理论基础. 后进入都灵大学. 1755年，19岁的他就已当上都灵皇家炮兵学校的数学教授，不久便成为柏林科学院的通讯院士. 两年后，他参与创立了都灵科学协会，并在协会出版的科技会刊上发表了大量有关变分法、概率论、微分方程、弦振动及最小作用原理等的论文，这些著作使他成为当时欧洲公认的第一流数学家.

1764年，拉格朗日凭万有引力解释月球天平动问题获得了法国巴黎科学院奖金. 1766年，又因成功地以微分方程理论和近似解法研究了科学院所提出的一个复杂的六体问题（木星的四个卫星的运动问题）而再度获奖. 同年，德国普鲁士王腓特烈邀请他到柏林科学院工作时说："欧洲最大的王"的宫廷内应有"欧洲最大的数学家". 于是他应邀到柏林科学院工作，并在那里居住了长达20年. 其间他继牛顿后编写了又一重要经典力学著作《分析力学》（1788），书中用变分原理和分析的方法，建立起完整和谐的力学体系，使力学分析化了．他在序言中宣称：力学已成为分析的一个分支．

1786 年普鲁士王腓特烈逝世后，拉格朗日应法国国王路易十六之邀，于 1787 年开始定居巴黎．其间他曾出任法国米制委员会主任，并先后在巴黎高等师范学院和巴黎综合工科学校任数学教授．最后于 1813 年 4 月 10 日在当地逝世．

拉格朗日不但在方程论方面贡献巨大，而且还推动了代数的发展．他在生前提交给柏林科学院的两篇著名论文：《关于解数值方程》（1767）及《关于方程的代数解法的研究》（1771）中，考察了二、三及四次方程的一种普遍性解法，即把方程化作低一次的方程（辅助方程或预解式）以求解，但这并不适用于五次方程．在他有关方程求解条件的研究中早已蕴含了群论思想的萌芽，这使他成为伽罗瓦建立群论的先导．另外，他在数论方面亦是表现卓越．费马所提出的许多问题都被他一一解答，如任意正整数是不多于四个平方数之和的问题等．他还证明了 π 之无理性，这些研究成果都丰富了数论的内容．

此外，拉格朗日还编写了两部分析巨著《解析函数论》（1797）及《函数计算讲义》（1801），总结了那一时期自己一系列的研究工作．他在《解析函数论》及收入此书的一篇论文（1772）中企图把微分运算归结为代数运算，在为微积分奠定理论基础方面作出了独特的尝试．他把函数 $f(x)$ 的导数定义成 $f(x+h)$ 的泰勒展开式中 h 项的系数，并以此为出发点建立起全部分析学．可是他并未考虑到无穷级数的收敛性问题，他自以为摆脱了极限概念，实际上只是回避了极限概念，因此并未实现使微积分代数化、严密化的想法．不过，他采用新的微分符号，用幂级数表示函数的处理手法对分析学的发展产生了影响，成为实变函数论的起点．而且，他还在微分方程理论中作出了奇解为积分曲线族的包络的几何解释，提出了线性代换的特征值概念等．

数学界近百年来的许多成就都可直接或间接地追溯到拉格朗日的工作，为此他在数学史上被认为是对分析数学的发展产生全面影响的数学家之一．

洛必达（L'Hospital）

洛必达是法国数学家，1661 年生于巴黎，1704 年 2 月 2 日卒于巴黎．

洛必达出生于法国贵族家庭，他拥有圣梅特（Saimte Mesme）侯爵、昂特尔芒（d'Entremont）伯爵的称号，青年时期一度任骑兵军官，因眼睛近视而自行告退，转向从事学术研究．

洛必达很早即显示出其数学才华，15 岁时解决了帕斯卡所提出的一个摆线难题．他是莱布尼茨微积分的忠实信徒，并且是约翰·伯努利（Johann Bernoulli）的高徒，成功地解答过约翰·伯努利提出的"最速降线"问题．他还是法国科学院院士．

洛必达最大的功绩是撰写了世界上第一本系统的微积分教程——《用于理解曲线的无穷小分析》，因此，美国史学家伊夫斯（Eves）说："第一本微积分课本出版于 1696 年，它是由洛必达写的．"后来多次修订再版，为在欧洲大陆，特别是在法国，普及微积分起了重要作用．这本书追随欧几里得和阿基米德古典范例，以定义和公理为出发点．在这本书中，先给出了如下定义和公理："定义 1，称那些连续地增加或减少的量为变量，……""定义 2，一个变量在其附近连续地增加或减少的无穷小部分称为差分（微分），……"然后给出了两个公理，第一个是说，几个仅差无穷小量的量可以相互代替；第二个是说，把一条曲线看作是无穷多段无穷小直线的集合。在这两个公理之后，给出了微分运算的基本法则和例子．第二章应用这些法则去确定曲线在一个给定点处的斜率，并给出了许多例子，采用了较为一般的方法．第三章讨论极大、极小问题，其中包括一些从力学和地理学引来的例子，接着讨论了拐点与尖点问题，还引入了高阶微分．以后几章讨论了渐屈线和焦散曲线等问题．

洛必达这本书中的许多内容取材于他的老师约翰·伯努利早期的著作．其经过是这样的：约翰·伯努利在1691—1692年间写了两篇关于微积分的短论，但未发表．不久以后，他答应为年轻的洛必达侯爵讲授微积分，定期领取薪金，作为报答．他把自己的数学发现传授给洛必达，并允许他随时利用．于是洛必达根据约翰·伯努利的传授和未发表的论著以及自己的学习心得，撰写了《用于理解曲线的无穷小分析》．这部著作不但普及了微积分，而且还帮助约翰·伯努利完成并传播了平面曲线的理论．

洛必达曾计划出版一本关于积分学的书，但在得悉莱布尼茨也打算撰写这样一本书时，就放弃了自己的计划．他还写过一本关于圆锥曲线的书——《圆锥曲线分析论》，此书在他逝世16年之后才得以出版．

洛必达豁达大度，气宇不凡．由于他与当时欧洲各国主要数学家都有交往，因而成为全欧洲传播微积分的著名人物．

学习评价

姓名		学号		班级	
第四章		导数的应用			
知识点		已掌握内容		需进一步学习内容	
知识点1	微分中值定理				
知识点2	洛必达法则				
知识点3	导数在研究函数性态中的应用				
知识点4	导数在经济学中的应用				

第五章 不定积分

知识目标
1. 理解原函数和不定积分的概念.
2. 熟记不定积分的性质和几何意义.
3. 熟练掌握求解积分的几个主要方法——直接积分法、换元积分法和分部积分法.
4. 会计算有理函数的不定积分.

素质目标
1. 培养问题意识.
2. 进一步训练逆向思维能力、对知识的归纳整理能力和知识迁移能力.
3. 培养互帮互助的团队意识和认真做事的态度.

众所周知,微积分是微分学和积分学的总称,前面讨论的导数和微分等都属于微分学. 作为它们的逆运算,积分在微积分这门学科中也有着极其重要的作用. 积分学分为不定积分和定积分两部分,其中不定积分是整个积分学的基础. 本章将从不定积分的概念入手,分别讨论不定积分的性质、几何意义和计算方法等.

第一节 不定积分的概念与性质

一、原函数与不定积分的概念

定义 5.1 设函数 $y=f(x)$, $x\in(a,b)$. 如果有某函数 $F(x)$ 在区间 (a,b) 内满足 $F'(x)=f(x)$, 则称函数 $F(x)$ 为函数 $f(x)$ 在区间 (a,b) 内的一个原函数.

例如,因为 $(x^2)'=2x$, 所以 x^2 是 $2x$ 的一个原函数;因为 $(x^2+1)'=2x$, $(x^2+\sqrt{3})'=2x$, $(x^2-C)'=2x$ (C 为任意常数), 所以 x^2+1、$x^2+\sqrt{3}$、x^2-C 都是 x^2 的原函数.

一般地,若 $F(x)$ 是 $f(x)$ 的一个原函数,对于任意常数 C, 由于 $[F(x)+C]'=F'(x)=f(x)$, 故 $F(x)+C$ 也是 $f(x)$ 的原函数,也就是说一个函数的原函数不是唯一的,那么 $F(x)+C$ 是否包含 $f(x)$ 的所有原函数呢?

定理 5.1 如果 $F(x)$ 是 $f(x)$ 的一个原函数,则 $F(x)+C$ (C 为任意常数) 表示函数 $f(x)$ 的原函数的全体.

证 设 $G(x)$ 为 $f(x)$ 的另一个原函数,则有 $G'(x)=f(x)$, 从而 $[G(x)-F(x)]'=f(x)-f(x)=0$, 由拉格朗日中值定理的推论知, $G(x)-F(x)=C$, 从而 $G(x)=F(x)+C$, 这说明 $f(x)$ 的任一原函数均可表示成 $F(x)+C$ 的形式,因此 $F(x)+C$ 可以代表 $f(x)$ 的原函数的全体.

定义 5.2 函数 $f(x)$ 的原函数的全体 $F(x)+C$ 称为函数 $f(x)$ 的不定积分. 记为

$$\int f(x)dx = F(x) + C.$$

其中 $\int$ 称为积分号，$f(x)$ 称为被积函数，$f(x)dx$ 称为被积表达式，x 称为积分变量，C 称为积分常数.

有了这个定义，前面的例子就可以表示为

$$\int 2xdx = x^2 + C.$$

例 1 求下列不定积分.

(1) $\int 4x^3 dx$； (2) $\int e^x dx$.

解 (1) 因为 $(x^4)' = 4x^3$，故 $x^4 + C$ 是 $4x^3$ 的所有原函数，于是有

$$\int 4x^3 dx = x^4 + C.$$

(2) 因为 $(e^x + C)' = e^x$，故 $e^x + C$ 是 e^x 的所有原函数，于是有

$$\int e^x dx = e^x + C.$$

由于求导数或微分运算与求不定积分互为逆运算，所以对于每一个基本初等函数的求导公式都相应地有一个求不定积分的公式，归纳起来，得到下面的不定积分基本公式.

(1) $\int 0 dx = C$，

(2) $\int 1 dx = \int dx = x + C$，

(3) $\int x^a dx = \dfrac{1}{a+1} x^{a+1} + C (a \neq -1)$，

(4) $\int \dfrac{1}{x} dx = \ln|x| + C$，

(5) $\int a^x dx = \dfrac{1}{\ln a} a^x + C$，

(6) $\int e^x dx = e^x + C$，

(7) $\int \sin x dx = -\cos x + C$，

(8) $\int \cos x dx = \sin x + C$，

(9) $\int \sec^2 x dx = \int \dfrac{1}{\cos^2 x} dx = \tan x + C$，

(10) $\int \csc^2 x dx = \int \dfrac{1}{\sin^2 x} dx = -\cot x + C$，

(11) $\int \sec x \tan x dx = \sec x + C$，

(12) $\int \csc x \cot x dx = -\csc x + C$，

(13) $\int \dfrac{1}{\sqrt{1-x^2}}\mathrm{d}x = \arcsin x + C$,

(14) $\int \dfrac{1}{1+x^2}\mathrm{d}x = \arctan x + C$.

二、不定积分的性质和几何意义

1. 不定积分的性质

性质 1 $\left[\int f(x)\mathrm{d}x\right]' = f(x), \mathrm{d}\left[\int f(x)\mathrm{d}x\right] = f(x)\mathrm{d}x$.

性质 2 $\int F'(x)\mathrm{d}x = F(x) + C, \int \mathrm{d}F(x) = F(x) + C$.

性质 3 $\int [f(x) \pm g(x)]\mathrm{d}x = \int f(x)\mathrm{d}x \pm \int g(x)\mathrm{d}x$.

这个性质可以推广到有限个函数的代数和的情况.

性质 4 $\int kf(x)\mathrm{d}x = k\int f(x)\mathrm{d}x$（其中 k 是不为零的任意常数）.

性质 3 与性质 4 可以综合成如下的式子：

$\int [k_1 f_1(x) \pm k_2 f_2(x)]\mathrm{d}x = k_1\int f_1(x)\mathrm{d}x \pm k_2\int f_2(x)\mathrm{d}x$（其中 k_1、k_2 是常数）.

2. 不定积分的几何意义

函数 $f(x)$ 的一个原函数 $F(x)$ 的图像叫做 $f(x)$ 的一条积分曲线，它的方程是 $y = F(x)$. 由于对于任意常数 C，$F(x) + C$ 都是 $f(x)$ 的原函数，故 $f(x)$ 的积分曲线有无数多条，它们中的任何一条，都可以通过将积分曲线 $y = F(x)$ 沿 y 轴方向平行移动而得到，所以一个函数 $f(x)$ 的不定积分的图形就是其全部积分曲线所构成的曲线族（见图 5-1）.

例 2 已知某曲线在任意点处的切线斜率为 $2x$，且曲线过点 $(0, 1)$，求该曲线的方程.

解 由不定积分的几何意义知，切线斜率为 $2x$ 的曲线族为：$y = \int 2x\mathrm{d}x$.

由于 $(x^2)' = 2x$，故 $y = \int 2x\mathrm{d}x = x^2 + C$.

由于曲线经过点 $(0, 1)$，将 $x = 0$，$y = 1$ 代入上式，得

$$1 = 0^2 + C, \quad C = 1.$$

故所求曲线方程为 $y = x^2 + 1$.

切线斜率为 $2x$ 的曲线是一族可以经过平移而得到的积分曲线，而经过点 $(0, 1)$ 的曲线是如图 5-2 所示的抛物线.

三、不定积分的直接积分法

不定积分基本公式是计算不定积分的主要依据. 有些初等函数的不定积分，可能无法直接利用不定积分基本公式求解，但可通过适当的代数恒等变形，利用不定积分的性质，化为基本公式的类型，从而得出结果. 由于其过程比较简单，故一般称这种不定积分计算方法为直接积分法.

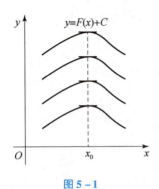

图 5-1

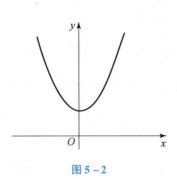

图 5-2

例3 求 $\int (2x-1)^2 dx$.

解 $\int (2x-1)^2 dx = \int (4x^2 - 4x + 1) dx$

$= 4\int x^2 dx - 4\int x dx + \int dx$

$= \frac{4}{2+1} x^{2+1} - \frac{4}{1+1} x^{1+1} + x + C$

$= \frac{4}{3} x^3 - 2x^2 + x + C.$

例4 求 $\int \left(\frac{1}{\sqrt{x}} - \sqrt[3]{x} + \frac{1}{x^2} \right) dx$.

解 $\int \left(\frac{1}{\sqrt{x}} - \sqrt[3]{x} + \frac{1}{x^2} \right) dx = \int \frac{1}{\sqrt{x}} dx - \int \sqrt[3]{x} dx + \int \frac{1}{x^2} dx$

$= \frac{1}{-\frac{1}{2}+1} x^{-\frac{1}{2}+1} - \frac{1}{\frac{1}{3}+1} x^{\frac{1}{3}+1} + \frac{1}{-2+1} x^{-2+1} + C$

$= 2\sqrt{x} - \frac{3}{4} x^{\frac{4}{3}} - \frac{1}{x} + C.$

例5 求 $\int \frac{x^2}{1+x^2} dx$.

解 $\int \frac{x^2}{1+x^2} dx = \int \frac{x^2+1-1}{1+x^2} dx$

$= \int \left(1 - \frac{1}{1+x^2} \right) dx$

$= \int dx - \int \frac{1}{1+x^2} dx$

$= x - \arctan x + C.$

例6 求 $\int \tan^2 x dx$.

解 $\int \tan^2 x dx = \int (\sec^2 x - 1) dx$

$$= \int \sec^2 x \mathrm{d}x - \int \mathrm{d}x$$

$$= \tan x - x + C.$$

例 7 求 $\int \dfrac{\sqrt{1-x^2} - x}{x \sqrt{1-x^2}} \mathrm{d}x.$

解 $\int \dfrac{\sqrt{1-x^2} - x}{x \sqrt{1-x^2}} \mathrm{d}x = \int \left(\dfrac{1}{x} - \dfrac{1}{\sqrt{1-x^2}} \right) \mathrm{d}x$

$$= \ln |x| - \arcsin x + C.$$

习题 5-1

1. 求下列函数的一个原函数.

(1) $f(x) = 4x^3$;

(2) $f(x) = \sin x$;

(3) $f(x) = \mathrm{e}^x$;

(4) $f(x) = \dfrac{1}{2\sqrt{x}}$;

(5) $f(x) = \dfrac{1}{1+x^2}$;

(6) $f(x) = \mathrm{e}^x + x$.

2. 在括号内填入一个适当的函数，并求出相应的不定积分.

(1) ( )$' = 3$, $\int 3 \mathrm{d}x = $ _____;

(2) ( )$' = 3x^2$, $\int 3x^2 \mathrm{d}x = $ _____;

(3) ( )$' = \dfrac{1}{\cos^2 x}$, $\int \dfrac{1}{\cos^2 x} \mathrm{d}x = $ _____;

(4) ( )$' = \dfrac{1}{1+x^2}$, $\int \dfrac{1}{1+x^2} \mathrm{d}x = $ _____.

3. 求下列不定积分.

(1) $\int x^{\frac{1}{2}} \mathrm{d}x$;

(2) $\int \dfrac{5}{x^2} \mathrm{d}x$;

(3) $\int \left(\dfrac{x+2}{x} \right)^2 \mathrm{d}x$;

(4) $\int (3\mathrm{e})^x \mathrm{d}x$;

(5) $\int \sin \theta \mathrm{d}\theta$;

(6) $\int (1 - 3x^2) \mathrm{d}x$;

(7) $\int (2^x + x^2) \mathrm{d}x$;

(8) $\int \left(\dfrac{2}{x} + \dfrac{x}{3} \right) \mathrm{d}x$;

(9) $\int \sqrt{x}(x-3) \mathrm{d}x$;

(10) $\int \dfrac{x^3 - 3x^2 + 4x - 1}{x} \mathrm{d}x$;

(11) $\int (\sin x - \cos x) \mathrm{d}x$;

(12) $\int \dfrac{1}{x^2(1+x^2)} \mathrm{d}x$;

(13) $\int \sin^2 \dfrac{u}{2} \mathrm{d}u$;

(14) $\int \dfrac{\arcsin x}{\sqrt{1-x^2}} \mathrm{d}x$;

(15) $\int \dfrac{\mathrm{d}x}{x\sqrt{1-\ln^2 x}}$;   (16) $\int \dfrac{f'(x)}{1+f^2(x)}\mathrm{d}x$.

4. 已知某曲线在任意点处的切线斜率为 $3x^2$，且曲线过点 (1, 2)，求该曲线方程.

第二节 不定积分的换元积分法

利用直接积分法所能计算的不定积分是非常有限的，由于大量的不定积分很难直接凑成基本积分公式的形式，这就需要我们寻找新的不定积分计算方法. 换元是求不定积分常用的手段，本节我们来学习不定积分的两种换元积分法.

一、第一类换元积分法

例 1 求 $\int \mathrm{e}^{3x}\mathrm{d}x$.

解 该积分与基本公式（6） $\int \mathrm{e}^x \mathrm{d}x = \mathrm{e}^x + C$ 不完全相同，不能直接利用积分公式. 但是，比较一下它与基本公式（6）的区别可知，两者只是被积函数（e^{3x} 与 e^x）在幂次上相差一个常数，由于

$$\int \mathrm{e}^{3x}\mathrm{d}x = \int \mathrm{e}^{3x} \frac{1}{3}\mathrm{d}(3x) = \frac{1}{3}\int \mathrm{e}^{3x}\mathrm{d}(3x).$$

若令 $u = 3x$，则上式最后一个积分变为

$$\int \mathrm{e}^{3x}\mathrm{d}(3x) = \int \mathrm{e}^u \mathrm{d}u.$$

这样，就可以利用基本积分公式（6）了

$$\int \mathrm{e}^u \mathrm{d}u = \mathrm{e}^u + C.$$

由于原不定积分的积分变量是 x，故应将 $u = 3x$ 代入上式右端，这样就得到了原不定积分的结果，整个计算过程可以表述为：

$$\int \mathrm{e}^{3x}\mathrm{d}x = \frac{1}{3}\int \mathrm{e}^{3x}\mathrm{d}(3x) \xrightarrow{u=3x} \frac{1}{3}\int \mathrm{e}^u \mathrm{d}u$$

$$= \frac{1}{3}\mathrm{e}^u + C \xrightarrow{u=3x} \frac{1}{3}\mathrm{e}^{3x} + C.$$

例 2 求 $\int (2x+1)^{20}\mathrm{d}x$.

解 由于 $\mathrm{d}x = \dfrac{1}{2}\mathrm{d}(2x+1)$，这样原积分变为：

$$\int (2x+1)^{20}\mathrm{d}x = \frac{1}{2}\int (2x+1)^{20}\mathrm{d}(2x+1)$$

$$\xrightarrow{u=2x+1} \frac{1}{2}\int u^{20}\mathrm{d}u = \frac{1}{42}u^{21} + C \xrightarrow{u=2x+1} \frac{1}{42}(2x+1)^{21} + C.$$

例 3 求 $\int \sin^2 x \cos x \mathrm{d}x$.

解 该不定积分也不能直接利用积分公式，但 $\cos x \mathrm{d}x = \mathrm{d}(\sin x)$，这样就有

$$\int \sin^2 x \cos x \mathrm{d}x = \int \sin^2 x \mathrm{d}(\sin x)$$

$$\xrightarrow{u=\sin x} \int u^2 \mathrm{d}u = \frac{1}{3}u^3 + C \xrightarrow{u=\sin x} \frac{1}{3}\sin^3 x + C.$$

由此看来，虽然上述三个例题的结果不同，但所使用的方法却是类似的，事实上，该方法具有一般性，请看下面的定理.

定理 5.2（第一类换元积分法） 如果被积函数 $g(x)$ 可以分解成 $f[\varphi(x)]$ 与 $\varphi'(x)$ 两部分的乘积，$f(u)$ 具有原函数 $F(u)$，则有

$$\int g(x)\mathrm{d}x = \int f[\varphi(x)]\varphi'(x)\mathrm{d}x \xrightarrow{u=\varphi(x)} \left[\int f(u)\mathrm{d}u\right]_{u=\varphi(x)} = F[\varphi(x)] + C.$$

定理表明，若要计算 $g(x)$ 的不定积分，$g(x)$ 应可以分解成 $f[\varphi(x)]$ 与 $\varphi'(x)$ 两部分的乘积，而 $\int f(u)\mathrm{d}u = F(u) + C$ 又容易求得，再令 $u = \varphi(x)$，便得到

$$\int g(x)\mathrm{d}x = \int f[\varphi(x)]\varphi'(x)\mathrm{d}x = \left[\int f(u)\mathrm{d}u\right]_{u=\varphi(x)} = F[\varphi(x)] + C.$$

这种方法称为第一换元法或凑微分法．

例 4 求 $\int x\sqrt{1+x^2}\mathrm{d}x$.

解 令 $u = 1 + x^2$，则 $\mathrm{d}u = \mathrm{d}(1+x^2) = 2x\mathrm{d}x$，$x\mathrm{d}x = \frac{1}{2}\mathrm{d}(1+x^2)$.

所以
$$\int x\sqrt{1+x^2}\mathrm{d}x = \frac{1}{2}\int \sqrt{1+x^2}\mathrm{d}(1+x^2) \xrightarrow{u=1+x^2} \frac{1}{2}\int \sqrt{u}\mathrm{d}u$$

$$= \frac{1}{2} \cdot \frac{2}{3}u^{\frac{3}{2}} + C \xrightarrow{u=1+x^2} \frac{1}{3}(1+x^2)^{\frac{3}{2}} + C.$$

例 5 求 $\int x\mathrm{e}^{x^2}\mathrm{d}x$.

解 因为 $x\mathrm{d}x = \frac{1}{2}\mathrm{d}(x^2)$，取 $u = x^2$

所以 $\int x\mathrm{e}^{x^2}\mathrm{d}x = \frac{1}{2}\int \mathrm{e}^{x^2}\mathrm{d}(x^2) \xrightarrow{u=x^2} \frac{1}{2}\int \mathrm{e}^u \mathrm{d}u = \frac{1}{2}\mathrm{e}^u + C \xrightarrow{u=x^2} \frac{1}{2}\mathrm{e}^{x^2} + C.$

例 6 求 $\int \frac{\mathrm{e}^x}{1+\mathrm{e}^x}\mathrm{d}x$.

解 因为 $\mathrm{e}^x \mathrm{d}x = \mathrm{d}(\mathrm{e}^x) = \mathrm{d}(\mathrm{e}^x + 1)$

所以
$$\int \frac{\mathrm{e}^x}{1+\mathrm{e}^x}\mathrm{d}x = \int \frac{1}{1+\mathrm{e}^x}\mathrm{d}(1+\mathrm{e}^x)$$

$$= \ln(1+\mathrm{e}^x) + C.$$

例 7 求 $\int \tan x \mathrm{d}x$.

解 $\tan x \mathrm{d}x = \frac{\sin x}{\cos x}\mathrm{d}x$,

将 $\sin x \mathrm{d}x$ 凑成微分形式 $\sin x \mathrm{d}x = -\mathrm{d}(\cos x)$，于是令 $u = \cos x$，有

$$\int \tan x \, dx = \int \frac{\sin x}{\cos x} dx = -\int \frac{1}{\cos x} d(\cos x)$$

$$\xrightarrow{u = \cos x} -\int \frac{1}{u} du = -\ln|u| + C$$

$$\xrightarrow{u = \cos x} -\ln|\cos x| + C.$$

同理，可以推出

$$\int \cot x \, dx = \ln|\sin x| + C.$$

$$\int \sec x \, dx = \ln|\sec x + \tan x| + C.$$

$$\int \csc x \, dx = \ln|\csc x - \cot x| + C.$$

例8 求 $\int \frac{\sin \sqrt{x}}{\sqrt{x}} dx$.

解 将 $\frac{1}{\sqrt{x}} dx$ 凑成微分形式

$$d(\sqrt{x}) = \frac{1}{2\sqrt{x}} dx,$$

则

$$\frac{1}{\sqrt{x}} dx = 2d(\sqrt{x})$$

于是令 $u = \sqrt{x}$，有

$$\int \frac{\sin \sqrt{x}}{\sqrt{x}} dx = 2\int \sin \sqrt{x} \, d(\sqrt{x})$$

$$\xrightarrow{u = \sqrt{x}} 2\int \sin u \, du = -2\cos u + C$$

$$\xrightarrow{u = \sqrt{x}} -2\cos \sqrt{x} + C.$$

凑微分与换元的目的都是便于利用基本积分公式，当对换元积分法比较熟悉之后，就可以略去设中间变量及换元的步骤，如上例的运算过程可以简化为：

$$\int \frac{\sin \sqrt{x}}{\sqrt{x}} dx = 2\int \sin \sqrt{x} \, d(\sqrt{x}) = -2\cos \sqrt{x} + C.$$

例9 求 $\int \sin^3 x \, dx$.

解
$$\int \sin^3 x \, dx = \int \sin^2 x \sin x \, dx$$

$$= -\int (1 - \cos^2 x) d(\cos x)$$

$$= \int \cos^2 x \, d(\cos x) - \int d(\cos x)$$

$$= \frac{1}{3} \cos^3 x - \cos x + C.$$

例 10 求 $\int \dfrac{e^{\frac{1}{x}}}{x^2} dx$.

解 $\int \dfrac{e^{\frac{1}{x}}}{x^2} dx = \int e^{\frac{1}{x}} \cdot \dfrac{1}{x^2} dx = \int e^{\frac{1}{x}} \cdot x^{-2} dx = -\int e^{\frac{1}{x}} d\left(\dfrac{1}{x}\right) = -e^{\frac{1}{x}} + C.$

例 11 求 $\int \dfrac{1}{4+9x^2} dx$.

解 $\int \dfrac{1}{4+9x^2} dx = \int \dfrac{1}{4\times\left(1+\dfrac{9}{4}x^2\right)} dx = \dfrac{1}{4} \int \dfrac{1}{1+\left(\dfrac{3}{2}x\right)^2} dx$

$= \dfrac{1}{4} \times \dfrac{2}{3} \int \dfrac{1}{1+\left(\dfrac{3}{2}x\right)^2} d\left(\dfrac{3}{2}x\right) = \dfrac{1}{6} \arctan \dfrac{3}{2}x + C.$

例 12 求 $\int \dfrac{1}{\sqrt{a^2-x^2}} dx \ (a>0)$.

解 $\int \dfrac{1}{\sqrt{a^2-x^2}} dx = \int \dfrac{1}{a\sqrt{1-\left(\dfrac{x}{a}\right)^2}} dx = \int \dfrac{1}{\sqrt{1-\left(\dfrac{x}{a}\right)^2}} d\left(\dfrac{x}{a}\right) = \arcsin \dfrac{x}{a} + C.$

例 13 求 $\int \dfrac{1}{x(\ln x + 1)} dx$.

解 $\int \dfrac{1}{x(\ln x + 1)} dx = \int \dfrac{1}{\ln x + 1} \cdot \dfrac{1}{x} dx = \int \dfrac{1}{\ln x + 1} d(\ln x) = \int \dfrac{1}{\ln x + 1} d(\ln x + 1) = \ln|\ln x + 1| + C.$

为了便于应用,把几种常用的凑微分形式归纳如下:

$dx = \dfrac{1}{a} d(ax+b) \ (a \neq 0);$ $\qquad x dx = \dfrac{1}{2} d(x^2);$

$\dfrac{1}{x} dx = d(\ln|x|);$ $\qquad \dfrac{1}{x^2} dx = -d\left(\dfrac{1}{x}\right);$

$\dfrac{1}{\sqrt{x}} dx = 2 d(\sqrt{x});$ $\qquad e^x dx = d(e^x);$

$\cos x dx = d(\sin x);$ $\qquad \sin x dx = -d(\cos x).$

二、第二类换元积分法

如果不定积分 $\int f(x) dx$ 用上述方法不易得到结果,可以引入新的积分变量 t,令 $x = \varphi(t)$,这样,原不定积分化为 $\int f[\varphi(t)] \varphi'(t) dt$,变成了能够应用基本积分公式的形式,也就是通过换元 $x = \varphi(t)$,将不定积分 $\int f(x) dx$ 化为 $\int f[\varphi(t)] \varphi'(t) dt$ 再通过计算 $\int f[\varphi(t)] \varphi'(t) dt$ 求出 $\int f(x) dx$,这就是第二类换元积分法.

定理 5.3(第二类换元积分法) 设函数 $f(x)$ 连续,$x = \varphi(t)$ 单调、可导,且 $\varphi'(t) \neq 0$,则

$$\int f(x)\,dx = \int f[\varphi(t)]\varphi'(t)\,dt,$$

其中 $t = \varphi^{-1}(x)$ 是 $x = \varphi(t)$ 的反函数.

证明略.

第二类换元积分法的关键是合理地选择 $x = \varphi(t)$ 进行换元，但这个关系往往不太明显，经常要通过 $x = \varphi(t)$ 的反函数 $\varphi^{-1}(x) = t$ 求得.

例 14 求 $\displaystyle\int \frac{1}{1+\sqrt{x}}\,dx$.

解 令 $\sqrt{x} = t$，则 $x = \varphi(t) = t^2$，$dx = d\varphi(t) = d(t^2) = 2t\,dt$，于是

$$\int \frac{1}{1+\sqrt{x}}\,dx = \int \frac{2t}{1+t}\,dt = 2\int \left(1 - \frac{1}{1+t}\right)dt = 2\left[\int dt - \int \frac{1}{1+t}d(t+1)\right]$$

$$= 2(t - \ln|1+t|) + C = 2\sqrt{x} - 2\ln(1+\sqrt{x}) + C.$$

例 15 求 $\displaystyle\int \frac{1}{x\sqrt{2x-9}}\,dx$.

解 令 $\sqrt{2x-9} = t$，则 $2x - 9 = t^2$，$x = \varphi(t) = \dfrac{t^2+9}{2}$，

$$dx = d\varphi(t) = d\left(\frac{t^2+9}{2}\right) = t\,dt.$$

于是有

$$\int \frac{1}{x\sqrt{2x-9}}\,dx = \int \frac{1}{\dfrac{t^2+9}{2}\cdot t}\,t\,dt = 2\int \frac{1}{9+t^2}\,dt$$

$$= 2\int \frac{1}{9\times\left[1+\left(\dfrac{t}{3}\right)^2\right]}\,dt = \frac{2}{3}\int \frac{1}{1+\left(\dfrac{t}{3}\right)^2}\,d\left(\frac{t}{3}\right)$$

$$= \frac{2}{3}\arctan\frac{t}{3} + C$$

$$= \frac{2}{3}\arctan\frac{\sqrt{2x-9}}{3} + C.$$

例 16 求 $\displaystyle\int \sqrt{a^2-x^2}\,dx\ (a>0)$.

解 作图 5-3，设 $x = a\sin t$，$-\dfrac{\pi}{2} < t < \dfrac{\pi}{2}$，则 $dx = a\cos t\,dt$. 由图 5-3 知 $\cos t = \dfrac{\sqrt{a^2-x^2}}{a}$.

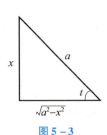

图 5-3

$$\int \sqrt{a^2-x^2}\,dx = \int \sqrt{a^2-a^2\sin^2 t}\,a\cos t\,dt$$

$$= a^2\int \cos^2 t\,dt$$

$$= \frac{a^2}{2}t + \frac{a^2}{2}\sin t\cos t + C$$

$$= \frac{a^2}{2}\arcsin\frac{x}{a} + \frac{a^2}{2}\cdot\frac{x}{a}\cdot\frac{\sqrt{a^2-x^2}}{a} + C$$

$$= \frac{a^2}{2}\arcsin\frac{x}{a} + \frac{x}{2}\sqrt{a^2-x^2} + C.$$

例 17 求 $\int \dfrac{dx}{\sqrt{a^2+x^2}}$ $(a>0)$.

解 作图 5 – 4，设 $x = a\tan t$，$-\dfrac{\pi}{2} < t < \dfrac{\pi}{2}$，则 $dx = \dfrac{a}{\cos^2 t}dt$，于是

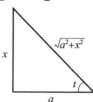

图 5 – 4

$$\int \frac{dx}{\sqrt{a^2+x^2}} = \int \frac{1}{\sqrt{a^2+a^2\tan^2 t}}\cdot\frac{a}{\cos^2 t}dt$$

$$= \int \frac{1}{a\sec t}\cdot\frac{a}{\cos^2 t}dt$$

$$= \int \frac{dt}{\cos t} = \int \sec t\,dt$$

$$= \ln|\sec t + \tan t| + C$$

$$= \ln\left(\frac{\sqrt{a^2+x^2}}{a} + \frac{x}{a}\right) + C$$

$$= \ln(\sqrt{a^2+x^2} + x) - \ln a + C$$

$$= \ln(\sqrt{a^2+x^2} + x) + C_1.$$

其中 $C_1 = C - \ln a$.

例 18 求 $\int \dfrac{dx}{\sqrt{x^2-a^2}}$ $(a>0)$.

解 作图 5 – 5，设 $x = a\sec t$，

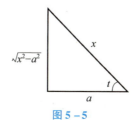

图 5 – 5

则 $dx = ad\left(\dfrac{1}{\cos t}\right) = \dfrac{a\sin t}{\cos^2 t}dt = \dfrac{a\tan t}{\cos t}dt$，于是

$$\int \dfrac{dx}{\sqrt{x^2-a^2}} = \int \dfrac{1}{\sqrt{a^2\sec^2 t - a^2}} \cdot \dfrac{a\tan t}{\cos t}dt$$

$$= \int \dfrac{1}{a\tan t} \cdot \dfrac{a\tan t}{\cos t}dt$$

$$= \int \dfrac{dt}{\cos t} = \ln|\sec t + \tan t| + C$$

$$= \ln\left|\dfrac{x}{a} + \dfrac{\sqrt{x^2-a^2}}{a}\right| + C$$

$$= \ln|x + \sqrt{x^2-a^2}| - \ln a + C$$

$$= \ln|x + \sqrt{x^2-a^2}| + C_1.$$

其中 $C_1 = C - \ln a$.

习题 5-2

1. 用第一类换元积分法求不定积分.

(1) $\int \dfrac{1}{1-x}dx$；

(2) $\int \dfrac{2x}{1+x^2}dx$；

(3) $\int \sqrt{1+2x}\,dx$；

(4) $\int x\sqrt{1+x^2}\,dx$；

(5) $\int \dfrac{\ln^2 x}{x}dx$；

(6) $\int e^{\sin x}\cos x\,dx$；

(7) $\int \tan x\,dx$；

(8) $\int \dfrac{dx}{1+9x^2}$；

(9) $\int e^{5x}dx$；

(10) $\int \dfrac{2x-1}{2x+3}dx$；

(11) $\int \dfrac{\tan m\theta}{\cos m\theta}d\theta$；

(12) $\int \cos 3x\,dx$；

(13) $\int \dfrac{3}{(1+x^2)\arctan x}dx$；

(14) $\int \dfrac{1}{1+e^x}dx$；

(15) $\int \sin^2 x\cos x\,dx$；

(16) $\int \dfrac{dx}{\sin x\cos x}$.

2. 用第二类换元积分法求不定积分.

(1) $\int \dfrac{1}{\sqrt{x}(1+x)}dx$；

(2) $\int \dfrac{1}{1+\sqrt{x+1}}dx$；

(3) $\int \dfrac{1}{x\sqrt{x-1}}dx$；

(4) $\int \sqrt{1-x^2}\,dx$；

(5) $\int \dfrac{x+1}{\sqrt{1-x^2}}dx$；

(6) $\int \dfrac{1}{\sqrt{16-9x^2}}dx$；

(7) $\int \dfrac{1}{x^2\sqrt{1+x^2}}dx$；

(8) $\int \dfrac{x^2}{\sqrt{a^2+x^2}}dx$.

第三节 不定积分的分部积分法

在上一节我们用换元积分法求出了一些不定积分,但对于某些类型的不定积分,如 $\int xe^x dx$、$\int x\sin x dx$、$\int x\ln x dx$ 等,用换元积分法和直接积分法都是无法求解的.若要求解诸如此类的不定积分,就需要用到求不定积分的另外一种方法———分部积分法.分部积分法也是通过适当的变换组合将一些较难计算的不定积分化为比较简单的不定积分进行求解的,做的同样是化难为易的工作.

分部积分法是由两个函数乘积的微分法则推导出来的.

定理 5.4 (分部积分法) 设 $u(x)$、$v(x)$ 是可微函数,则

$$\int u(x)v'(x)dx = u(x)v(x) - \int v(x)u'(x)dx,$$

即

$$\int u(x)dv(x) = u(x)v(x) - \int v(x)du(x).$$

此分部积分公式表明,对于给定的不定积分,如果可以凑成积分形式 $\int u(x)dv(x)$,则利用分部积分公式可以将其化为不定积分 $\int v(x)du(x)$.转化的目的是将较难计算的 $\int u(x)dv(x)$ 化为容易计算的 $\int v(x)du(x)$.如果将较难计算的 $\int u(x)dv(x)$ 化为更难计算的 $\int v(x)du(x)$,那就适得其反.因此,应用分部积分公式的关键是恰当地选择 $u(x)$ 和 $v(x)$.

例 1 求 $\int xe^x dx$.

解 首先对被积表达式组合凑微分,$xe^x dx = xd(e^x)$,选取 $u(x) = x$,$v(x) = e^x$.
应用分部积分公式,有

$$\int xe^x dx = \int xd(e^x) = \int u(x)dv(x)$$

$$= u(x)v(x) - \int v(x)du(x)$$

$$= xe^x - \int e^x dx = xe^x - e^x + C.$$

从中可以看出,应用分部积分公式可以将较难计算的 $\int xe^x dx$ 化为能直接利用基本积分公式 $\int e^x dx = e^x + C$ 计算的形式,这表明在第一步中选择 $u(x) = x$,$v(x) = e^x$ 是恰当的.否则,若将 $xe^x dx$ 凑成 $xe^x dx = \frac{1}{2}e^x d(x^2)$ 的形式,选取 $u(x) = e^x$,$v(x) = x^2$,应用分部积分公式,则有

$$\int xe^x dx = \frac{1}{2}\int e^x d(x^2) = \frac{1}{2}\int u(x)dv(x)$$

$$= \frac{1}{2}\left[u(x)v(x) - \int v(x)\mathrm{d}u(x)\right]$$

$$= \frac{1}{2}\left[x^2 \mathrm{e}^x - \int x^2 \mathrm{d}(\mathrm{e}^x)\right]$$

$$= \frac{1}{2}\left(x^2 \mathrm{e}^x - \int x^2 \mathrm{e}^x \mathrm{d}x\right).$$

这样就将较难计算的 $\int x\mathrm{e}^x\mathrm{d}x$ 化成了更难计算的 $\int x^2\mathrm{e}^x\mathrm{d}x$，没有达到化繁为简的目的，这表明选取的 $u(x) = \mathrm{e}^x$，$v(x) = x^2$ 是不恰当的.

例 2 求 $\int x\ln x\mathrm{d}x$.

解 $x\ln x\mathrm{d}x = \frac{1}{2}\ln x\mathrm{d}(x^2)$，选取 $u(x) = \ln x$，$v(x) = x^2$，于是

$$\int x\ln x\mathrm{d}x = \frac{1}{2}\int \ln x\mathrm{d}(x^2)$$

$$= \frac{1}{2}\left[x^2 \ln x - \int x^2 \mathrm{d}(\ln x)\right]$$

$$= \frac{1}{2}\left(x^2 \ln x - \int x\mathrm{d}x\right)$$

$$= \frac{1}{2}\left(x^2 \ln x - \frac{1}{2}x^2\right) + C$$

$$= \frac{1}{2}x^2\ln x - \frac{1}{4}x^2 + C.$$

例 3 求 $\int x\sin x\mathrm{d}x$.

解 $x\sin x\mathrm{d}x = -x\mathrm{d}(\cos x)$.
选取 $u(x) = x$，$v(x) = \cos x$，则

$$\int x\sin x\mathrm{d}x = -\int x\mathrm{d}(\cos x)$$

$$= -\int u(x)\mathrm{d}v(x)$$

$$= -\left[u(x)v(x) - \int v(x)\mathrm{d}u(x)\right]$$

$$= -\left(x\cos x - \int \cos x\mathrm{d}x\right)$$

$$= -x\cos x + \sin x + C.$$

例 4 求 $\int \arctan x\mathrm{d}x$.

解 选取 $u(x) = \arctan x$，$v(x) = x$，则

$$\int \arctan x\mathrm{d}x = \int u(x)\mathrm{d}v(x)$$

$$= u(x)v(x) - \int v(x)\mathrm{d}u(x)$$

$$= x\arctan x - \int x\mathrm{d}(\arctan x)$$

$$= x\arctan x - \int \frac{x}{1+x^2} dx$$

$$= x\arctan x - \frac{1}{2}\int \frac{1}{1+x^2} d(1+x^2)$$

$$= x\arctan x - \frac{1}{2}\ln(1+x^2) + C.$$

例 5 求 $\int e^x \sin x dx$.

解 $e^x \sin x dx = \sin x d(e^x)$.

选取 $u(x) = \sin x$, $v(x) = e^x$, 则

$$\int e^x \sin x dx = \int \sin x d(e^x) = e^x \sin x - \int e^x d(\sin x)$$

$$= e^x \sin x - \int e^x \cos x dx = e^x \sin x - \int \cos x d(e^x)$$

$$= e^x \sin x - \left[e^x \cos x - \int e^x d(\cos x) \right]$$

$$= e^x \sin x - e^x \cos x - \int e^x \sin x dx.$$

这是一个关于 $\int e^x \sin x dx$ 的方程, 将其解出, 得

$$\int e^x \sin x dx = \frac{1}{2} e^x (\sin x - \cos x) + C.$$

像例 5 这种不定积分也是比较常见的, 在用分部积分法求解的过程中, 待等式两端出现相同部分时, 用解代数方程的方法将其求出即可.

习题 5-3

用分部积分法求下列不定积分.

(1) $\int (x+1)\cos x dx$;　　　　　　(2) $\int xe^{-x} dx$;

(3) $\int xe^{2x} dx$;　　　　　　(4) $\int \operatorname{arccot} x dx$;

(5) $\int (x+1)\ln x dx$;　　　　　　(6) $\int x^2 a^x dx$.

第四节　有理函数的不定积分

两个多项式的商 $\frac{P(x)}{Q(x)}$ 称为有理函数, 如 $\frac{x}{1-x^2}$、$\frac{x^2}{1+x}$、$\frac{1}{x^2-a^2}$、$\frac{x}{1+x}$ 等都是有理函数. 有理函数的分子与分母之间没有公因式, 且次数不高, 形式也比较简单, 将此类函数的积分称为有理函数的不定积分. 有理函数的不定积分有些可直接利用前面介绍的方法求解, 有些则需要先对被积函数作简单的恒等变形, 然后利用前面介绍的方法求解.

例 1 求下列不定积分.

(1) $\int \dfrac{x}{1-x^2}\mathrm{d}x$; (2) $\int \dfrac{x^2}{1+x}\mathrm{d}x$;

(3) $\int \dfrac{x}{1+x}\mathrm{d}x$; (4) $\int \dfrac{1}{x^2-a^2}\mathrm{d}x$.

解 (1) $\int \dfrac{x}{1-x^2}\mathrm{d}x = \dfrac{1}{2}\int \dfrac{1}{1-x^2}\mathrm{d}(x^2)$

$= -\dfrac{1}{2}\int \dfrac{1}{1-x^2}\mathrm{d}(1-x^2)$

$= -\dfrac{1}{2}\ln|1-x^2| + C.$

(2) $\int \dfrac{x^2}{1+x}\mathrm{d}x = \int \dfrac{x^2-1+1}{1+x}\mathrm{d}x$

$= \int \left(x-1+\dfrac{1}{1+x}\right)\mathrm{d}x$

$= \int x\mathrm{d}x - \int \mathrm{d}x + \int \dfrac{1}{1+x}\mathrm{d}x$

$= \dfrac{1}{2}x^2 - x + \int \dfrac{1}{1+x}\mathrm{d}(1+x)$

$= \dfrac{1}{2}x^2 - x + \ln|1+x| + C.$

(3) $\int \dfrac{x}{1+x}\mathrm{d}x = \int \dfrac{x+1-1}{1+x}\mathrm{d}x$

$= \int \left(1 - \dfrac{1}{1+x}\right)\mathrm{d}x$

$= \int \mathrm{d}x - \int \dfrac{1}{1+x}\mathrm{d}(1+x)$

$= x - \ln|1+x| + C.$

(4) $\int \dfrac{1}{x^2-a^2}\mathrm{d}x = \int \dfrac{1}{(x+a)(x-a)}\mathrm{d}x$

$= -\dfrac{1}{2a}\int \left(\dfrac{1}{x+a} - \dfrac{1}{x-a}\right)\mathrm{d}x$

$= -\dfrac{1}{2a}\left[\int \dfrac{1}{x+a}\mathrm{d}(x+a) - \int \dfrac{1}{x-a}\mathrm{d}(x-a)\right]$

$= -\dfrac{1}{2a}(\ln|x+a| - \ln|x-a|) + C$

$= \dfrac{1}{2a}\ln\left|\dfrac{x-a}{x+a}\right| + C.$

例2 求下列不定积分.

(1) $\int \dfrac{1}{x^2-2x+5}\mathrm{d}x$; (2) $\int \dfrac{2x-1}{x^2-2x+5}\mathrm{d}x$.

解 (1) $\int \dfrac{1}{x^2-2x+5}\mathrm{d}x = \int \dfrac{1}{(x-1)^2+4}\mathrm{d}x$

$$= \frac{1}{2}\arctan\frac{x-1}{2} + C.$$

(2) $\int \frac{2x-1}{x^2-2x+5}dx = \int \frac{2x-2+1}{x^2-2x+5}dx$

$$= \int \frac{2x-2}{x^2-2x+5}dx + \int \frac{1}{x^2-2x+5}dx$$

$$= \int \frac{1}{x^2-2x+5}d(x^2-2x+5) + \frac{1}{2}\arctan\frac{x-1}{2}$$

$$= \ln|x^2-2x+5| + \frac{1}{2}\arctan\frac{x-1}{2} + C.$$

习题 5-4

求下列不定积分.

(1) $\int \frac{x^2-5x+9}{x^2-5x+6}dx$;

(2) $\int \frac{dx}{(x-2)^2(x-3)}$;

(3) $\int \frac{x+1}{x^2+4x+13}dx$;

(4) $\int x^3\sqrt{1+x^2}dx$.

第五章 复习题

1. 求下列不定积分.

(1) $\int \left(\frac{2}{x}+\frac{x}{3}\right)^2 dx$;

(2) $\int \frac{x^4}{1+x^2}dx$;

(3) $\int \cos^2\frac{x}{2}dx$;

(4) $\int \cot^2 x\, dx$;

(5) $\int \tan 5x\, dx$;

(6) $\int \frac{1}{\sqrt{4-9x^2}}dx$;

(7) $\int \frac{1}{2x^2+9}dx$;

(8) $\int \frac{dx}{x\ln x}$;

(9) $\int \sin^4 x\, dx$;

(10) $\int \frac{1}{e^x+e^{-x}}dx$;

(11) $\int \sqrt{e^x-1}\,dx$;

(12) $\int \frac{\sqrt{x+1}-1}{\sqrt{x+1}+1}dx$;

(13) $\int \frac{dx}{\sqrt{1+e^x}}$;

(14) $\int 2e^x\sqrt{1-e^{2x}}\,dx$;

(15) $\int x\sec^2 x\, dx$;

(16) $\int \arctan x\, dx$;

(17) $\int x^2\sin^2 x\, dx$;

(18) $\int \cos(\ln x)\,dx$;

(19) $\int \ln^2 x\, dx$;

(20) $\int x\arctan x\, dx$;

(21) $\int e^{\sqrt{x}} dx$;

(22) $\int \dfrac{\arcsin x}{\sqrt{1-x^2}} dx$;

(23) $\int \dfrac{\arctan e^x}{e^x} dx$;

(24) $\int \dfrac{x \arcsin x}{\sqrt{1-x^2}} dx$;

(25) $\int \sin \sqrt{x} \, dx$;

2. 一物体从点 A 出发作直线运动，在任意时刻的速度大小都为运动时间的两倍，求物体的运动规律.

3. 在积分曲线族 $y = \int 5x^2 dx$ 中，求通过点 $(\sqrt{3}, 5\sqrt{3})$ 的曲线.

4. 解下列问题：

(1) 已知曲线在任一点的斜率为 3，且经过点 $(2,3)$，求这个曲线的方程.

(2) 已知一个函数的导数为 $2x+1$，且 $x=1$ 时，$y=7$，求这个函数.

(3) 已知质点在时刻 t 的加速度为 t^2+1，且当 $t=0$ 时速度 $v=1$，距离 $s=0$，试求此质点的运动方程.

学习评价

姓名		学号		班级	
第五章			不定积分		
知识点		已掌握内容		需进一步学习内容	
知识点 1	不定积分的概念与性质				
知识点 2	不定积分的换元积分法				
知识点 3	不定积分的分部积分法				
知识点 4	有理函数的不定积分				

第六章 定积分及其应用

知识目标
1. 了解定积分的概念及基本性质.
2. 熟练运用牛顿 – 莱布尼茨公式求定积分.
3. 熟练地应用定积分的换元法和分部积分法求定积分.
4. 掌握定积分在几何和物理方面的应用.

素质目标
定积分计算中所提供的基本思想和方法充分体现了"转化论"——量变引起质变."小洞不补,大洞吃苦""针尖大的窟窿能透过斗大的风",这些形象的语言生动地反映出"小事小节是一面镜子,能够反映人品,反映作风".

上一章讨论了不定积分的概念和计算方法等,本章将讨论积分学的另一个基本问题——定积分. 我们先从几何与力学问题出发引入定积分的定义,然后讨论它的性质、计算方法与应用.

第一节 定积分的概念与性质

一、定积分的概念

1. 引例

(1) 曲边梯形的面积

由曲线所参与围成的曲边平面图形的面积问题,一般都可以归结为求曲边梯形的面积. 下面来研究曲边梯形的面积.

由连续曲线 $y = f(x)$ (设 $f(x) \geq 0$),直线 $x = a$、$x = b$ 及 x 轴所围成的图形称为曲边梯形 (见图 6 – 1). 下面介绍其面积 A 的计算方法.

1) 用分点 $a = x_0 < x_1 < x_2 < \cdots < x_{n-1} < x_n = b$ 将区间 $[a, b]$ 分成 n 个小区间 $[x_{i-1}, x_i]$,$i = 1, 2, \cdots, n$. 这些小区间的长度可以记为

$$\Delta x_i = x_i - x_{i-1} \ (i = 1, 2, \cdots, n).$$

过每个点 x_i ($i = 1, 2, \cdots, n$) 作 x 轴的垂线,它们把曲边梯形分成 n 个小曲边梯形. 若用 ΔA_i 表示第 i 个小曲边梯形的面积,则有

$$A = \sum_{i=1}^{n} \Delta A_i$$

2）在每个小区间 $[x_{i-1}, x_i]$ 上任取一点 $\xi_i(x_{i-1} \leq \xi_i \leq x_i)$，过 ξ_i 作 x 轴的垂线与曲边交于点 $P_i(\xi_i, f(\xi_i))$. 以 Δx_i 为底，以 $f(\xi_i)$ 为高作小矩形（见图 6-2），将这个小矩形的面积 $f(\xi_i)\Delta x_i$ 作为 ΔA_i 的近似值，即

$$\Delta A_i \approx f(\xi_i)\Delta x_i \quad (i = 1, 2, \cdots, n).$$

3）求 n 个小矩形面积的总和，它应是曲边梯形面积 A 的近似值，即

$$A \approx \sum_{i=1}^{n} f(\xi_i)\Delta x_i.$$

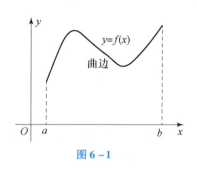

图 6-1

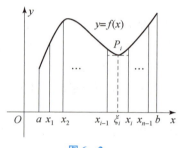

图 6-2

4）令 $\lambda = \max_{1 \leq i \leq n}\{\Delta x_i\}$，当分点数 n 无限增加且小区间长度的最大值 $\lambda \to 0$ 时，上述和式的极限就是曲边梯形面积的精确值，即

$$A = \lim_{\lambda \to 0} \sum_{i=1}^{n} f(\xi_i)\Delta x_i.$$

（2）变速直线运动的路程

设某物体做变速直线运动，已知速度 $v = v(t)$ 是时间 t 的连续函数，且 $v(t) \geq 0$，求在 $t = a$ 到 $t = b$ 这段时间内物体所经过的路程 s.

因为速度函数 $v = v(t)$ 是连续的，所以在很短的时间内，我们可将物体的变速直线运动近似地看作匀速直线运动. 因此，可以先求出很短一段时间内物体所经过路程的近似值，再求和，得到总路程 s 的近似值. 最后，通过取极限就可以得到路程 s 的精确值. 可见，完全可以用类似于求曲边梯形面积的方法来计算路程 s.

1）将时间 t 所在区间 $[a, b]$ 划分为若干个小区间；

2）在每个小区间上将速度 $v(t)$ 近似看作常量，从而求出物体在小区间上所经过路程的近似值；

3）计算所有小区间上物体所经过路程的近似值的和，得到整个时间段上物体所经过路程的近似值；

4）令所有小区间长度的最大值趋近于 0，计算步骤 3 中近似值的极限. 该极限值就是物体所经过路程 s 的精确值.

具体过程与前面问题基本一致，最终可以算得变速直线运动的路程为

$$s = \lim_{\lambda \to 0} \sum_{i=1}^{n} v(\xi_i)\Delta t_i.$$

2. 定积分的定义

除曲边梯形的面积和变速直线运动的路程外，还有许多其他实际问题，例如引力问题、

旋转体的体积问题、曲线的弧长问题等，都属于求与某个变化范围内的变量有关的总量问题，它们可以归结为求某种和式的极限．把处理这些问题的数学思维方法加以概括和抽象，便得到定积分的定义．

定义 6.1 设函数 $y=f(x)$ 在区间 $[a,b]$ 上有定义，用分点
$$a = x_0 < x_1 < x_2 < \cdots < x_{i-1} < x_i < \cdots < x_{n-1} < x_n = b$$
将区间 $[a,b]$ 分成 n 个小区间，每个小区间的长度为 $\Delta x_i = x_i - x_{i-1}(i=1,2,\cdots,n)$．在每个小区间 $[x_{i-1}, x_i]$ 上任取一点 $\xi_i(x_{i-1} \leqslant \xi_i \leqslant x_i)$，得到相应的函数值 $f(\xi_i)$，作乘积 $f(\xi_i)\Delta x_i$ ($i=1,2,\cdots,n$)，并将这些乘积相加，得到和式 $\sum_{i=1}^{n} f(\xi_i)\Delta x_i$．这个和称为函数 $f(x)$ 在区间 $[a,b]$ 上的积分和．

当 n 无限增大且小区间的最大长度 λ（即 $\lambda = \max\limits_{1 \leqslant i \leqslant n}\{\Delta x_i\}$）$\to 0$ 时，如果上述和式的极限存在，则称此极限为函数 $y=f(x)$ 在区间 $[a,b]$ 上的定积分，记作 $\int_a^b f(x)\mathrm{d}x$，即
$$\lim_{\lambda \to 0} \sum_{i=1}^{n} f(\xi_i)\Delta x_i = \int_a^b f(x)\mathrm{d}x,$$
其中，记号"$\int$"称为积分符号，$f(x)$ 称为被积函数，$f(x)\mathrm{d}x$ 称为被积表达式，x 称为积分变量，$[a,b]$ 称为积分区间，a 和 b 分别称为定积分的下限和上限，$\int_a^b f(x)\mathrm{d}x$ 读作函数 $y=f(x)$ 在 $[a,b]$ 上的定积分．

定积分的概念是比较复杂的，它是为了研究计算物体的总量（面积、质量、路程等）问题而设定的．在定义中，我们看到，求定积分是"分割、取近似、求和、求极限"这样一个过程，所体现的是计算整体时对局部进行累积，研究局部时将变量近似为常量，计算极限时将近似转化为精确等一系列量变与质变的哲学内涵．

应用定积分的定义可以将前面两个引例表示为：

曲边梯形的面积等于曲边对应的函数在区间 $[a,b]$ 上的定积分，即 $A = \int_a^b f(x)\mathrm{d}x$；

变速直线运动的路程等于速度函数在区间 $[a,b]$ 上的定积分，即 $s = \int_a^b v(t)\mathrm{d}t$．

由于定积分的概念的本质是一个极限问题，而对于一个函数而言，极限存在与否都是可能的，因此对于给定区间和给定函数，其积分可能存在，也可能不存在，这两种情况我们分别称为可积与不可积．对于函数 $f(x)$ 在什么条件下可积，我们给出如下结论：

（1）函数可积的必要条件是在闭区间上有界；
（2）闭区间上的连续函数是可积的；
（3）在闭区间上只有有限个间断点的有界函数是可积的；
（4）闭区间上的单调函数一定可积．

另外，由定积分的定义，容易证明以下事实：

（1）$\int_a^a f(x)\mathrm{d}x = 0$；

（2）$\int_b^a f(x)\mathrm{d}x = -\int_a^b f(x)\mathrm{d}x$；

(3) $\int_a^b f(x)\,dx = \int_a^b f(t)\,dt.$

式（3）说明定积分的值仅与被积函数和积分区间有关，而与积分变量的记号无关.

根据曲边梯形的面积可知，当 $f(x) \geq 0$ 时，定积分 $\int_a^b f(x)\,dx$ 表示由曲线 $y=f(x)$、直线 $x=a$、$x=b$ 以及 x 轴所围成的曲边梯形的面积；当 $f(x) \leq 0$ 时，定积分 $\int_a^b f(x)\,dx$ 表示曲边梯形面积的负值；当 $f(x)$ 既有大于 0 的部分，又有小于 0 的部分时（见图 6-3），定积分 $\int_a^b f(x)\,dx$ 在几何上表示用 $f(x)$ 在 x 轴上侧所围成的曲边梯形的面积减去在 x 轴下侧所围成的曲边梯形的面积. 这就是定积分的几何意义.

例 1 计算定积分 $\int_1^3 x\,dx$.

解 根据定积分的几何意义可知，所求积分值等于图 6-4 中直边梯形的面积，所以
$$\int_1^3 x\,dx = 4.$$

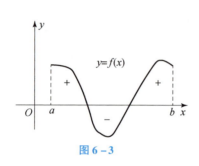

图 6-3

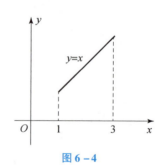

图 6-4

例 2 计算定积分 $\int_{-\pi}^{\pi} \sin x\,dx$.

解 根据定积分的几何意义可知，所求积分值等于在图 6-5 中 x 轴上侧所围成的曲边梯形的面积减去 x 轴下侧所围成的曲边梯形的面积.

由于函数 $y = \sin x$ 是奇函数，而积分区间是对称的，故上、下两部分的面积相等，因此
$$\int_{-\pi}^{\pi} \sin x\,dx = 0.$$

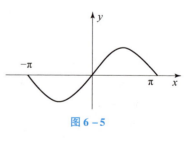

图 6-5

由例 2 可知，奇函数在对称区间上的积分值是 0. 类似的有，如果 $y = f(x)$ 为偶函数，则
$$\int_{-a}^{a} f(x)\,dx = 2\int_0^a f(x)\,dx.$$

二、定积分的性质

性质 1 若函数 $f(x)$、$g(x)$ 在区间 $[a, b]$ 上可积，则 $f(x) \pm g(x)$ 在 $[a, b]$ 上也可积，且
$$\int_a^b [f(x) \pm g(x)]\,dx = \int_a^b f(x)\,dx \pm \int_a^b g(x)\,dx.$$

性质 2 被积函数的常数因子可以提到积分号外面来, 即
$$\int_a^b kf(x)\,dx = k\int_a^b f(x)\,dx.$$

综上所述, 可得
$$\int_a^b [k_1 f(x) \pm k_2 g(x)]\,dx = k_1 \int_a^b f(x)\,dx \pm k_2 \int_a^b g(x)\,dx,$$
其中 k_1 和 k_2 为两个任意常数.

性质 3 设 $a < c < b$, 则
$$\int_a^b f(x)\,dx = \int_a^c f(x)\,dx + \int_c^b f(x)\,dx.$$

性质 4 如果在区间 $[a, b]$ 上 $f(x) \equiv 1$, 则
$$\int_a^b f(x)\,dx = b - a.$$

这是由于
$$\int_a^b f(x)\,dx = \lim_{\lambda \to 0} \sum_{i=1}^n 1 \times \Delta x_i = b - a.$$

性质 5 如果在区间 $[a, b]$ 上有 $f(x) \geq g(x)$, 则
$$\int_a^b f(x)\,dx \geq \int_a^b g(x)\,dx \qquad (a < b).$$

推论 如果 $f(x)$ 在区间 $[a, b]$ 上可积, 则
$$\left| \int_a^b f(x)\,dx \right| \leq \int_a^b |f(x)|\,dx \qquad (a < b).$$

性质 6 设 M 及 m 分别是函数 $f(x)$ 在区间 $[a, b]$ 上的最大值及最小值, 则
$$m(b-a) \leq \int_a^b f(x)\,dx \leq M(b-a) \qquad (a < b).$$

性质 7（积分中值定理） 若 $f(x)$ 在 $[a, b]$ 上连续, 则在 $[a, b]$ 上至少存在一点 ξ, 使得
$$\int_a^b f(x)\,dx = f(\xi)(b-a) \qquad (a \leq \xi \leq b).$$

性质 7 的几何意义是: 由曲线 $y = f(x)$、直线 $x = a$、$x = b$ 及 x 轴所围成的曲边梯形的面积等于以区间 $[a, b]$ 为底, 以这个区间内某一点的函数值 $f(\xi)$ 为高的矩形的面积 (见图 6-6).

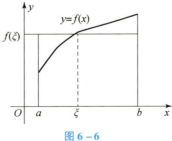

图 6-6

例 3 比较下列各对积分值的大小.

(1) $\int_0^1 x^2\,dx$ 与 $\int_0^1 x\,dx$; (2) $\int_0^{\frac{\pi}{2}} x\,dx$ 与 $\int_0^{\frac{\pi}{2}} \sin x\,dx$.

解 (1) 在 $[0, 1]$ 上, 由于 $x^2 \leq x$, 根据性质 5, 有

$$\int_0^1 x^2 dx \leq \int_0^1 x dx.$$

（2）在 $\left[0, \dfrac{\pi}{2}\right]$ 上，由于 $x \geq \sin x$，根据性质 5，有

$$\int_0^{\frac{\pi}{2}} x dx \geq \int_0^{\frac{\pi}{2}} \sin x dx.$$

习题 6–1

1. 用定积分的几何意义计算下列定积分.

（1）$\int_1^2 dx$；　　　　　　　　　　（2）$\int_1^2 x dx$.

2. 将由 $y = \sin x$、$x = \dfrac{\pi}{2}$、$y = 0$ 围成图形的面积写成定积分的形式.

3. 比较下列定积分的大小.

（1）$\int_0^{\frac{\pi}{2}} \cos x dx, \int_0^{\frac{\pi}{2}} \cos^2 x dx$；

（2）$\int_1^e \ln x dx, \int_1^e \ln^2 x dx$；

（3）$\int_e^3 \ln x dx, \int_e^3 \ln^2 x dx$.

第二节　微积分基本公式

定积分的概念依赖于一个比较复杂的极限，这就为计算和使用定积分带来了比较大的困难. 本节我们将在变上限定积分的基础上引入微积分基本公式.

一、变上限的定积分

设函数 $f(x)$ 在区间 $[a, b]$ 上连续，并设 x 为 $[a, b]$ 上的一点. 我们来考察 $f(x)$ 在部分区间 $[a, x]$ 上的定积分 $\int_a^x f(x) dx$. 为明确起见，我们把积分变量改为 t，则定积分变为 $\int_a^x f(t) dt$. 由于 $f(x)$ 为已知函数，且 a 为一个固定的值，所以积分 $\int_a^x f(t) dt$ 的结果仅与变量 x 有关. 当 x 取不同数值时，$\int_a^x f(t) dt$ 随之变化，即 $\int_a^x f(t) dt$ 是变量 x 的一个函数，记为

$$\Phi(x) = \int_a^x f(t) dt \quad (a \leq x \leq b).$$

这个函数称为变上限的定积分，或称为积分上限的函数. $\Phi(x)$ 具有如下重要性质.

定理 6.1　设函数 $f(x)$ 在区间 $[a, b]$ 上连续，则 $\Phi(x) = \int_a^x f(t) dt$ 是 $f(x)$ 在区间 $[a, b]$ 上的一个原函数，即 $\Phi'(x) = \left(\int_a^x f(t) dt\right)' = f(x)$.

定理 6.1 证明了连续函数一定有原函数，并以可变上限定积分的形式具体给出了 $f(x)$ 的一个原函数；同时，该定理还揭示出，求导运算 $\Phi'(x) = f(x)$ 与积分运算 $\int_a^x f(t) dt = \Phi(x)$ 互为逆运算的关系，即 $\left(\int_a^x f(t) dt \right)' = f(x)$，这一点在微积分学的历史上具有重大意义.

二、牛顿 – 莱布尼茨公式

定理 6.2 设 $f(x)$ 在区间 $[a, b]$ 上连续，$F(x)$ 是 $f(x)$ 的一个原函数，即 $F'(x) = f(x)$，则 $\int_a^b f(x) dx = F(x) \big|_a^b = F(b) - F(a)$.

证 由定理 6.1 知，$\Phi(x) = \int_a^x f(t) dt$ 是 $f(x)$ 在 $[a, b]$ 上的一个原函数，又已知，$F(x)$ 也是 $f(x)$ 的一个原函数，因此这两个原函数的差为常数，即

$$\Phi(x) = F(x) + C \text{ 或} \int_a^x f(t) dt = F(x) + C.$$

在上式中，令 $x = a$，有

$$F(a) + C = 0,$$

于是

$$C = -F(a).$$

从而

$$\int_a^x f(t) dt = F(x) - F(a).$$

再令 $x = b$，则有

$$\int_a^b f(x) dx = F(b) - F(a).$$

定理 6.2 中的公式称为牛顿 – 莱布尼茨公式（N – L 公式），又叫微积分基本公式. 牛顿 – 莱布尼茨公式揭示了定积分与被积函数的原函数或不定积分之间的联系. 它表明：一个连续函数在区间 $[a, b]$ 上的定积分等于它的任意一个原函数 $F(x)$ 在 $[a, b]$ 上的增量. 它把定积分的计算问题转化为求原函数的问题，这就给定积分提供了一个有效而简便的计算方法.

下面我们看几个应用微积分基本公式计算定积分的例子.

例 1 计算下列定积分.

(1) $\int_0^1 x dx$；   (2) $\int_1^2 \left(2x + \dfrac{1}{x} \right) dx$.

解 （1）由微积分基本公式，得

$$\int_0^1 x dx = \frac{1}{2} x^2 \bigg|_0^1 = \frac{1}{2} \times (1^2 - 0^2) = \frac{1}{2}.$$

(2) $\int_1^2 \left(2x + \dfrac{1}{x} \right) dx = (x^2 + \ln|x|) \big|_1^2$

$$= 2^2 + \ln 2 - (1^2 + \ln 1)$$
$$= 4 + \ln 2 - 1$$
$$= 3 + \ln 2.$$

例 2 计算下列定积分.

(1) $\int_0^{\frac{1}{3}} e^{3x} dx$;   (2) $\int_0^2 \frac{x}{\sqrt{1+x^2}} dx$.

解 (1) $\int e^{3x} dx = \frac{1}{3} \int e^{3x} d(3x) = \frac{1}{3} e^{3x} + C$,

$\int_0^{\frac{1}{3}} e^{3x} dx = \left(\frac{1}{3} e^{3x}\right) \Big|_0^{\frac{1}{3}} = \frac{1}{3} \left(e^{3 \times \frac{1}{3}} - e^{3 \times 0}\right) = \frac{1}{3}(e - 1)$.

(2) $\int \frac{x}{\sqrt{1+x^2}} dx = \frac{1}{2} \int (1+x^2)^{-\frac{1}{2}} d(1+x^2)$

$= \sqrt{1+x^2} + C$,

于是 $\int_0^2 \frac{x}{\sqrt{1+x^2}} dx = \sqrt{1+x^2} \Big|_0^2 = \sqrt{1+2^2} - \sqrt{1+0^2} = \sqrt{5} - 1$.

习题 6-2

1. 求下列定积分.

(1) $\left(\int_3^x t^2 \ln t \sqrt{\cos t^3} dt\right)'$;   (2) $\left(\int_0^x \sin t^2 (\sqrt{t^3+1} + \ln t) dt\right)'$.

2. 求下列定积分.

(1) $\int_0^2 |1-x| dx$;   (2) $\int_{-2}^2 x \sqrt{x^2} dx$;

(3) $\int_0^{\sqrt{\ln 2}} x e^{x^2} dx$;   (4) $\int_0^1 \frac{dx}{x^2 - 4}$;

(5) $f(x) = \begin{cases} x^2 + 1 & 0 \leq x \leq 1 \\ x + 1 & -1 \leq x < 0 \end{cases}$, 求 $\int_{-1}^1 f(x) dx$.

第三节 定积分的换元积分法与分部积分法

一、定积分的换元积分法

定理 6.3 若函数 $f(x)$ 在 $[a,b]$ 上连续,且函数 $x = \varphi(t)$ 满足下列条件:

(1) $x = \varphi(t)$ 在 $[\alpha, \beta]$ 上单值且具有连续导数 $\varphi'(t)$;

(2) $\varphi(\alpha) = a$, $\varphi(\beta) = b$;

(3) 当 $t \in [\alpha, \beta]$ 时,有 $a \leq \varphi(t) \leq b$;

则有 $\int_a^b f(x) dx = \int_\alpha^\beta f[\varphi(t)] \varphi'(t) dt$.

证明略.

利用换元法求定积分 $\int_a^b f(x) dx$ 的步骤如下:

(1) 对积分变量 x 作变换:令 $x = \varphi(t)$.

(2) 求出新的被积表达式：
$$f(x)dx = f[\varphi(t)]d\varphi(t) = f[\varphi(t)]\varphi'(t)dt$$
(3) 利用 $x = \varphi(t)$ 求出新的积分上限和下限：

当 $x = a$ 时，由 $a = \varphi(t)$，求出 $t = \alpha$，

当 $x = b$ 时，由 $b = \varphi(t)$，求出 $t = \beta$。

(4) 用牛顿 – 莱布尼茨公式计算新的定积分：
$$\int_\alpha^\beta f[\varphi(t)]\varphi'(t)dt$$
该定积分的值就是原定积分的值，简而言之，就是如下定积分换元公式：
$$\int_a^b f(x)dx = \int_\alpha^\beta f[\varphi(t)]\varphi'(t)dt$$
上述变换的目的是将左端较难计算的定积分转换成右端较易计算的定积分。

例1 求 $\int_1^e \dfrac{\ln^2 x}{x}dx$.

解 令 $\ln x = t$，即 $x = e^t$，则
$$\frac{\ln^2 x}{x}dx = \frac{t^2}{e^t}d(e^t) = \frac{t^2}{e^t} \cdot e^t dt = t^2 dt.$$

当 $x = 1$ 时，由 $1 = e^t$，得 $t = 0$；

当 $x = e$ 时，由 $e = e^t$，得 $t = 1$.

于是 $\int_1^e \dfrac{\ln^2 x}{x}dx = \int_0^1 t^2 dt = \dfrac{1}{3}t^3 \Big|_0^1 = \dfrac{1}{3} \times (1^3 - 0^3) = \dfrac{1}{3}.$

例2 求 $\int_0^{\ln 2} e^x(1 + e^x)^2 dx$.

解 令 $e^x + 1 = t$，即 $x = \ln(t - 1)$，则
$$e^x(1 + e^x)^2 dx = (t-1)t^2 d[\ln(t-1)] = t^2 dt.$$
由变换式 $x = \ln(t-1)$ 可得，当 $x = 0$ 时，$t = 2$；当 $x = \ln 2$ 时，$t = 3$.

于是 $\int_0^{\ln 2} e^x(1 + e^x)^2 dx = \int_2^3 t^2 dt = \dfrac{1}{3}t^3 \Big|_2^3 = \dfrac{1}{3} \times (3^3 - 2^3) = \dfrac{19}{3}.$

当对换元积分法熟悉以后，也可不必写出替换的变量而借助于凑微分直接进行计算。

$\int_1^e \dfrac{\ln^2 x}{x}dx = \int_1^e \ln^2 x\, d(\ln x) = \dfrac{1}{3}\ln^3 x \Big|_1^e = \dfrac{1}{3}(\ln^3 e - \ln^3 1) = \dfrac{1}{3}.$

$\int_0^{\ln 2} e^x(1 + e^x)^2 dx = \int_0^{\ln 2}(1 + e^x)^2 d(1 + e^x)$
$$= \dfrac{1}{3}(1 + e^x)^3 \Big|_0^{\ln 2} = \dfrac{1}{3} \times (27 - 8) = \dfrac{19}{3}.$$

例3 求 $\int_0^1 \sqrt{1 - x^2}dx$.

解 为了去掉被积函数中的根号，作变量代换

令 $x = \sin t$，$t \in \left[-\dfrac{\pi}{2}, \dfrac{\pi}{2}\right]$，则
$$\sqrt{1 - x^2}dx = \sqrt{1 - \sin^2 t}\, d(\sin t) = \cos^2 t\, dt.$$

当 $x=0$ 时，$t=0$；当 $x=1$ 时，$t=\dfrac{\pi}{2}$. 于是

$$\int_0^1 \sqrt{1-x^2}\,dx = \int_0^{\frac{\pi}{2}} \cos^2 t\,dt$$

$$= \frac{1}{2}\int_0^{\frac{\pi}{2}}(1+\cos 2t)\,dt$$

$$= \frac{1}{2}\left[\int_0^{\frac{\pi}{2}}dt + \frac{1}{2}\int_0^{\frac{\pi}{2}}\cos 2t\,d(2t)\right]$$

$$= \frac{1}{2}\left(\frac{\pi}{2} + \frac{1}{2}\sin 2t\,\Big|_0^{\frac{\pi}{2}}\right) = \frac{\pi}{4}.$$

例 4 计算下列定积分.

(1) $\displaystyle\int_{-1}^{1}(x^3+2\sin x - 5x^2)\,dx$；   (2) $\displaystyle\int_{-\pi}^{\pi} x^3 e^{\cos x}\,dx$.

解 (1) $\displaystyle\int_{-1}^{1}(x^3+2\sin x - 5x^2)\,dx$

$$= \int_{-1}^{1}(x^3+2\sin x)\,dx - 5\int_{-1}^{1}x^2\,dx$$

$$= 0 - 10\int_0^1 x^2\,dx = -\frac{10}{3}x^3\,\Big|_0^1 = -\frac{10}{3}.$$

(2) 因被积函数 $x^3 e^{\cos x}$ 是奇函数，且积分区间是关于原点对称的，故

$$\int_{-\pi}^{\pi} x^3 e^{\cos x}\,dx = 0.$$

用换元积分法求定积分时，当将被积函数的变量由 x 换成 t 后，求出以 t 为变量的原函数，不必再化成以 x 为变量的函数，就可直接代入新变量的上、下限求出定积分. 这就简化了计算过程. 但同时应特别注意，当积分变量改变时，积分上、下限也要相应地改变，即"换元必换限".

二、定积分的分部积分法

定理 6.4 若函数 $u(x)$、$v(x)$ 在 $[a,b]$ 上具有连续导数，则

$$\int_a^b u(x)v'(x)\,dx = [u(x)v(x)]_a^b - \int_a^b u'(x)v(x)\,dx.$$

证明略. 定理 6.4 表明原函数已经积出的部分可以先用上、下限代入，变为数值.

例 5 求 $\displaystyle\int_0^1 x e^x\,dx$.

解 $\displaystyle\int_0^1 x e^x\,dx = \int_0^1 x\,d(e^x) = [x e^x]_0^1 - \int_0^1 e^x\,dx$

$$= e - e^x\,\Big|_0^1 = e - (e^1 - e^0) = 1.$$

从例 5 可以看出，用分部积分法求定积分与用分部积分法求不定积分一样，开始将 $e^x dx$ 凑成微分式 $d(e^x)$，被积表达式 $x e^x dx$ 变为 $x d(e^x)$，于是可选 $u(x)=x$，$v(x)=e^x$，然后用分部积分公式求解即可.

例 6 求 $\displaystyle\int_0^\pi x\cos x\,dx$.

解 $\int_0^\pi x\cos x\,\mathrm{d}x = \int_0^\pi x\,\mathrm{d}(\sin x) = [x\sin x]_0^\pi - \int_0^\pi \sin x\,\mathrm{d}x$
$= \pi\times\sin\pi - 0\times\sin 0 + \cos x\big|_0^\pi = -2.$

习题 6-3

计算下列定积分.

(1) $\int_{-1}^1 \dfrac{x}{\sqrt{5-4x}}\mathrm{d}x$;

(2) $\int_0^1 \sqrt{(1-x^2)^3}\,\mathrm{d}x$;

(3) $\int_4^9 \dfrac{\sqrt{x}}{\sqrt{x}-1}\mathrm{d}x$;

(4) $\int_{-1}^1 \dfrac{\mathrm{d}x}{(1+x^2)^2}$;

(5) $\int_0^1 x\mathrm{e}^{-2x}\mathrm{d}x$;

(6) $\int_{\pi/4}^{\pi/3} \dfrac{x}{\sin^2 x}\mathrm{d}x$;

(7) $\int_0^1 x\arcsin x\,\mathrm{d}x$;

(8) $\int_2^\mathrm{e} \sin(\ln x)\,\mathrm{d}x$;

(9) $\int_1^3 \ln x\,\mathrm{d}x$;

(10) $\int_0^{\ln 2} x\mathrm{e}^x\mathrm{d}x$;

(11) $\int_1^\mathrm{e} x\ln x\,\mathrm{d}x$;

(12) $\int_0^{\pi/2} \mathrm{e}^x\cos x\,\mathrm{d}x$.

第四节 广义积分

通过对定积分进行研究,我们发现,函数可积的必要条件是函数有界,而对于有界的函数而言,其积分又限制在一个有限的区间 $[a,b]$ 上,这两个限制造成了定积分在实际应用中存在诸多不便. 为了解决这一问题,可以将积分的概念进行拓展,即将积分的区间从有限的 $[a,b]$ 拓展为无穷区间. 这样,就进一步开拓了定积分的应用范围. 由于拓展后的积分与定积分相比,又具备了很多特殊性质,并且不再属于定积分范畴,因此称为广义积分(或反常积分).

定义 6.2 设函数 $f(x)$ 在 $[a,+\infty)$ 上连续,任取 $b>a$. 如果极限 $\lim\limits_{b\to+\infty}\int_a^b f(x)\mathrm{d}x$ 存在,则称此极限为函数 $f(x)$ 在 $[a,+\infty)$ 上的广义积分,记作

$$\int_a^{+\infty} f(x)\mathrm{d}x = \lim_{b\to+\infty}\int_a^b f(x)\mathrm{d}x,$$

这时也称广义积分 $\int_a^{+\infty} f(x)\mathrm{d}x$ 收敛;如果 $\lim\limits_{b\to+\infty}\int_a^b f(x)\mathrm{d}x$ 不存在,则称广义积分 $\int_a^{+\infty} f(x)\mathrm{d}x$ 发散.

类似地,设函数 $f(x)$ 在 $(-\infty,b]$ 上连续,任取 $a<b$. 如果极限 $\lim\limits_{a\to-\infty}\int_a^b f(x)\mathrm{d}x$ 存在,则称 $f(x)$ 在 $(-\infty,b]$ 上的广义积分收敛. 且 $\int_{-\infty}^b f(x)\mathrm{d}x = \lim\limits_{a\to-\infty}\int_a^b f(x)\mathrm{d}x$;如果 $\lim\limits_{a\to-\infty}\int_a^b f(x)\mathrm{d}x$ 不存在,则称广义积分 $\int_{-\infty}^b f(x)\mathrm{d}x$ 发散.

设函数 $f(x)$ 在 $(-\infty, +\infty)$ 内连续，如果广义积分 $\int_{-\infty}^{0} f(x)\mathrm{d}x$ 和 $\int_{0}^{+\infty} f(x)\mathrm{d}x$ 都收敛，则称广义积分 $\int_{-\infty}^{+\infty} f(x)\mathrm{d}x$ 收敛，且其值为

$$\int_{-\infty}^{+\infty} f(x)\mathrm{d}x = \int_{-\infty}^{0} f(x)\mathrm{d}x + \int_{0}^{+\infty} f(x)\mathrm{d}x.$$

如果广义积分 $\int_{-\infty}^{0} f(x)\mathrm{d}x$ 和 $\int_{0}^{+\infty} f(x)\mathrm{d}x$ 有一个发散或两者都发散，则称广义积分 $\int_{-\infty}^{+\infty} f(x)\mathrm{d}x$ 发散.

例1 求 $\int_{1}^{+\infty} \dfrac{1}{x^3}\mathrm{d}x$.

解 $\int_{1}^{+\infty} \dfrac{1}{x^3}\mathrm{d}x = \lim\limits_{b\to +\infty} \int_{1}^{b} \dfrac{1}{x^3}\mathrm{d}x = \lim\limits_{b\to +\infty} \left(-\dfrac{1}{2x^2}\right)\Big|_{1}^{b}$

$= \lim\limits_{b\to +\infty} \left(-\dfrac{1}{2b^2} + \dfrac{1}{2}\right) = \dfrac{1}{2}.$

即此广义积分收敛，其值为 $\dfrac{1}{2}$.

例2 求 $\int_{1}^{+\infty} \dfrac{1}{x}\mathrm{d}x$.

解 $\int_{1}^{b} \dfrac{1}{x}\mathrm{d}x = [\ln x]_{1}^{b} = \ln|b|$,

当 $b \to +\infty$ 时，$\ln|b| \to +\infty$,

因此，$\lim\limits_{b\to +\infty} \int_{1}^{b} \dfrac{1}{x}\mathrm{d}x$ 不存在，故广义积分 $\int_{1}^{+\infty} \dfrac{1}{x}\mathrm{d}x$ 发散.

例3 求 $\int_{1}^{+\infty} \dfrac{1}{\sqrt{x}}\mathrm{d}x$.

解 $\int_{1}^{b} \dfrac{1}{\sqrt{x}}\mathrm{d}x = \int_{1}^{b} x^{-\frac{1}{2}}\mathrm{d}x = 2\sqrt{x}\Big|_{1}^{b} = 2\times(\sqrt{b} - 1)$,

当 $b \to +\infty$ 时，$2\times(\sqrt{b} - 1) \to +\infty$,

因此，$\lim\limits_{b\to +\infty} \int_{1}^{b} \dfrac{1}{\sqrt{x}}\mathrm{d}x$ 不存在，故广义积分 $\int_{1}^{+\infty} \dfrac{1}{\sqrt{x}}\mathrm{d}x$ 发散.

一般地，广义积分 $\int_{1}^{+\infty} \dfrac{1}{x^p}\mathrm{d}x$ 有如下结果：

当 $p > 1$ 时，$\int_{1}^{+\infty} \dfrac{1}{x^p}\mathrm{d}x = \dfrac{1}{p-1}$，广义积分收敛.

当 $p \leq 1$ 时，$\int_{1}^{+\infty} \dfrac{1}{x^p}\mathrm{d}x$ 不存在，广义积分发散.

例4 求 $\int_{0}^{+\infty} \mathrm{e}^{-2x}\mathrm{d}x$.

解 $\int_{0}^{b} \mathrm{e}^{-2x}\mathrm{d}x = -\dfrac{1}{2}\mathrm{e}^{-2x}\Big|_{0}^{b} = -\dfrac{1}{2}(\mathrm{e}^{-2b} - 1)$,

$\int_{0}^{+\infty} \mathrm{e}^{-2x}\mathrm{d}x = \lim\limits_{b\to +\infty} \left[-\dfrac{1}{2}(\mathrm{e}^{-2b} - 1)\right] = -\dfrac{1}{2}\times(0 - 1) = \dfrac{1}{2}.$

例 5 计算 $\int_{-\infty}^{+\infty} \dfrac{1}{1+x^2}dx$.

解
$$\int_{-\infty}^{+\infty} \dfrac{1}{1+x^2}dx = \int_{-\infty}^{0} \dfrac{1}{1+x^2}dx + \int_{0}^{+\infty} \dfrac{1}{1+x^2}dx$$
$$= \lim_{a\to -\infty}\int_{a}^{0} \dfrac{1}{1+x^2}dx + \lim_{b\to +\infty}\int_{0}^{b} \dfrac{1}{1+x^2}dx$$
$$= \lim_{a\to -\infty}(-\arctan a) + \lim_{b\to +\infty}\arctan b$$
$$= -\left(-\dfrac{\pi}{2}\right) + \dfrac{\pi}{2} = \pi.$$

习题 6–4

1. 下列广义积分是否收敛？若收敛，计算出它的值．

(1) $\int_{1}^{+\infty} \dfrac{1}{x^4}dx$；

(2) $\int_{0}^{+\infty} xe^{-x}dx$；

(3) $\int_{-\infty}^{+\infty} \dfrac{1}{1+x^2}dx$；

(4) $\int_{0}^{1} \dfrac{1}{\sqrt[3]{x}}dx$；

(5) $\int_{0}^{1} \dfrac{1}{\sqrt{1-x}}dx$；

(6) $\int_{-1}^{1} \dfrac{1}{1-x^2}dx$.

2. 当 K 为何值时，广义积分 $\int_{1}^{+\infty} \dfrac{dx}{x(\ln x)^K}$ 收敛？又 K 为何值时广义积分发散？

第五节 定积分的应用

本节将讨论定积分在几何和物理方面的一些应用，在讨论前，我们先介绍在定积分的应用中经常采用的一种重要方法——微元法．

一、定积分的微元法

用定积分表示一个量（如几何量、物理量或其他的量），一般分四步来考虑．我们来回顾一下求解曲边梯形面积的过程．

(1) 分割：用任意一组分点将区间 $[a,b]$ 分成 n 个小区间 $[x_{i-1}, x_i]$ $(i = 1, 2, \cdots, n)$，其中 $x_0 = a$，$x_n = b$.

(2) 取近似：在每个小区间 $[x_{i-1}, x_i]$ 上任取一点 ξ_i，计算小曲边梯形面积 ΔA_i 的近似值
$$\Delta A_i \approx f(\xi_i)\Delta x_i \quad (x_{i-1} \leq \xi_i \leq x_i).$$

(3) 求和：计算曲边梯形的面积 A
$$A = \sum_{i=1}^{n} \Delta A_i \approx \sum_{i=1}^{n} f(\xi_i)\Delta x_i.$$

(4) 求极限：当 $n \to \infty$，$\lambda = \max_{1\leq i \leq n}\{\Delta x_i\} \to 0$ 时
$$A = \lim_{\lambda \to 0}\sum_{i=1}^{n} f(\xi_i)\Delta x_i = \int_{a}^{b} f(x)dx.$$

对照上述四步，我们发现第（2）步取近似时的形式 $f(\xi_i)\Delta x_i$ 与第（4）步积分 $\int_a^b f(x)dx$ 中的被积表达式 $f(x)dx$ 具有相同的形式. 如果把第（2）步中的 ξ_i 用 x 替代，Δx_i 用 dx 替代，那么它就是第（4）步积分中的被积表达式. 基于此，我们把上述四步简化为三步：

（1）选取积分变量，例如，选为 x，并确定其范围. 例如 $x \in [a,b]$，在其上任取一个小区间 $[x, x+dx]$.

（2）取所求量 I 在小区间 $[x, x+dx]$ 上的部分量 ΔI 的近似值 dI，即
$$\Delta I \approx dI = f(x)dx$$
其中 $dI = f(x)dx$ 称为量 I 的微分元素.

（3）写出定积分表达式，即
$$I = \int_a^b dI = \int_a^b f(x)dx.$$

上述简化了步骤的方法称为定积分的微元法.

我们用简化后的步骤再解曲边梯形面积 A 的问题.

第一步：选积分变量为 x，且 $x \in [a,b]$，在其上任取一个小区间 $[x, x+dx]$（见图 6-7）.

第二步：在 $[x, x+dx]$ 上，用以点 x 处的函数值 $f(x)$ 为高，dx 为底的矩形的面积代替小曲边梯形的面积 ΔA，得
$$\Delta A = f(x)dx.$$
其中 $f(x)dx$ 称为面积元素，记为
$$dA = f(x)dx.$$

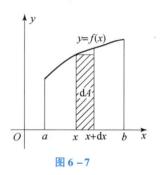

图 6-7

第三步：所求的曲边梯形面积为
$$A = \int_a^b dA = \int_a^b f(x)dx.$$

关于微元法的几点说明：

（1）取近似值时，得到的是 $f(x)dx$ 形式的近似值，并且要求 $\Delta I - f(x)dx$ 是比 dx 高阶的无穷小. 关于后一个要求在实际问题中常常能满足.

（2）满足（1）的要求后，$f(x)dx$ 就是所求量 I 的微分元素，所以取近似时常用微分形式写出，即
$$\Delta I = dI = f(x)dx.$$
dI 称为量 I 的微元.

二、定积分在几何中的应用

1. 平面图形的面积

根据定积分的定义和微元法可知：由曲线 $y = f(x)(f(x) \geq 0)$，直线 $x = a$、$x = b$ 及 x 轴所围成的平面图形的面积 A 的微元是
$$dA = f(x)dx.$$
如果 $f(x)$ 在 $[a,b]$ 上不是非负的，那么曲边梯形的面积 A 的微元是以 $|f(x)|$ 为高，dx 为底的矩形的面积（见图 6-8），即

$$dA = |f(x)|dx.$$

于是，不论 $f(x)$ 是否为非负，总有

$$A = \int_a^b |f(x)|dx.$$

当 $f(x) \geqslant g(x)$ （$a \leqslant x \leqslant b$）时，由曲线 $y = f(x)$、$y = g(x)$ 以及直线 $x = a$、$x = b$ 所围成的平面图形的面积 A 的微元是

$$dA = [f(x) - g(x)]dx.$$

于是
$$A = \int_a^b [f(x) - g(x)]dx.$$

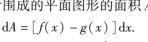

图 6-8

类似地，当 $f(y) \geqslant g(y)$ （$c \leqslant y \leqslant d$）时，由曲线 $x = f(y)$、$x = g(y)$ 以及直线 $y = c$、$y = d$ 所围成的平面图形的面积 A 的微元是

$$dA = [f(y) - g(y)]dy.$$

于是
$$A = \int_c^d [f(y) - g(y)]dy.$$

例1 求由曲线 $y^2 = x$、$y = x^2$ 所围成的平面图形的面积.

解 为了确定图形的所在范围，先求出两条曲线的交点. 为此，解方程组 $\begin{cases} y^2 = x \\ y = x^2 \end{cases}$，得到两交点为 $O(0,0)$ 和 $A(1,1)$，从而知道图形在直线 $x = 0$ 及 $x = 1$ 之间 [见图 6-9（a）]. 设想把 x 的变化区间 $[0, 1]$ 分成几个小区间，取出其中一个作为代表性小区间，记作 $[x, x+dx]$，其长度为 dx. 可以认为与 $[x, x+dx]$ 相对应的窄条的面积近似等于高为 $(\sqrt{x} - x^2)$，底为 dx 的窄矩形的面积，把它称为所求面积 A 的面积元素，记为 dA，即 $dA = (\sqrt{x} - x^2)dx$.

将这些面积元素"累积"起来就是所求的面积，而这一"累积"过程就是积分，故所求面积为

$$A = \int_0^1 (\sqrt{x} - x^2)dx = \left(\frac{2}{3}x^{\frac{3}{2}} - \frac{1}{3}x^3\right)\bigg|_0^1 = \frac{1}{3}.$$

本题也可以选纵坐标 y 作为积分变量. 这时 y 的变化范围是 y 轴上的区间 $[0, 1]$. 取 $[0, 1]$ 上的代表性小区间 $[y, y+dy]$，把它所对应的窄条看成是高为 $(\sqrt{y} - y^2)$，底为 dy 的窄矩形 [见图 6-9（b）]，从而得到面积元素

$$dA = (\sqrt{y} - y^2)dy.$$

在闭区间 $[0, 1]$ 上作定积分，得所求面积

$$A = \int_0^1 (\sqrt{y} - y^2)dy = \left(\frac{2}{3}y^{\frac{3}{2}} - \frac{1}{3}y^3\right)\bigg|_0^1 = \frac{1}{3}.$$

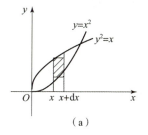
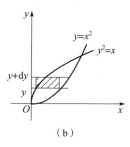

(a)   (b)

图 6-9

例2 求由曲线 $y = x^3$ 与直线 $x = -1$、$x = 2$ 及 x 轴所围成的平面图形的面积.

解 由公式 $A = \int_a^b |f(x)| dx$，得

$$A = \int_{-1}^2 |x^3| dx = \int_{-1}^0 (-x^3) dx + \int_0^2 x^3 dx = \frac{17}{4}.$$

此题也可以先画出 $y = x^3$ 与直线 $x = -1$、$x = 2$ 及 x 轴所围成的平面图形（见图6-10），则由定积分的几何意义知

$$A = \int_{-1}^0 (-x^3) dx + \int_0^2 x^3 dx = \frac{17}{4}.$$

例3 求椭圆 $\frac{x^2}{a^2} + \frac{y^2}{b^2} = 1$ 所围成的图形的面积.

解 如图6-11所示，此椭圆关于两个坐标轴都对称，所以椭圆所围成的图形的面积为

$$A = 4A_1 = 4\int_0^a y dx.$$

其中 A_1 为椭圆在第一象限与两坐标轴所围图形的面积.

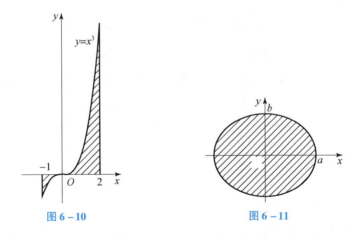

图6-10　　　　　图6-11

利用椭圆的参数方程 $\begin{cases} x = a\cos\theta \\ y = b\sin\theta \end{cases}$，当 x 由 0 变到 a 时，θ 由 $\frac{\pi}{2}$ 变到 0，所以

$$A = 4\int_{\frac{\pi}{2}}^0 b\sin\theta(-a\sin\theta) d\theta$$

$$= 4ab\int_0^{\frac{\pi}{2}} \sin^2\theta d\theta$$

$$= 4ab \cdot \frac{1}{2}\left(\theta - \frac{1}{2}\sin 2\theta\right)\bigg|_0^{\frac{\pi}{2}} = \pi ab.$$

当 $a = b$ 时，就得到圆的面积公式 $A = \pi a^2$.

2. 曲线的弧长

一根直线段的长度可以直接度量，但一条曲线段的长度，一般不能直接度量. 因此，在小区间上用"以直代曲"的思想来求曲线的长度. 设有曲线 $y = f(x)$，计算从 $x = a$ 到 $x = b$ 的曲线的弧长（见图6-12）.

(1) 取积分变量为 x, 积分区间为 $[a, b]$;

(2) 在 $[a, b]$ 上任取一小区间 $[x, x+\mathrm{d}x]$, 与它相对应的弧长 $\overset{\frown}{PQ}$ 近似于过点 P 的切线长 $|PT|$, 从而得到弧长元素
$$\mathrm{d}s = \sqrt{(\mathrm{d}x)^2 + (\mathrm{d}y)^2} = \sqrt{1 + (y')^2}\,\mathrm{d}x;$$

(3) 所求曲线的弧长为
$$s = \int_a^b \sqrt{1 + (y')^2}\,\mathrm{d}x.$$

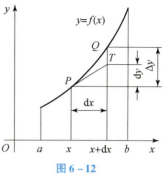

图 6-12

例 4 在如图 6-13 所示的鱼腹梁中, 钢筋呈抛物线形状, 适当选取坐标系后得其方程为 $y = ax^2$, 求在 $x = -b$ 到 $x = b$ 之间的弧长.

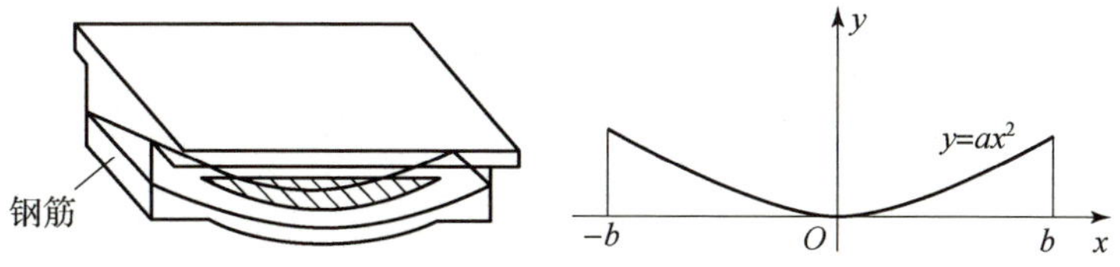

图 6-13

解 利用上述公式, 得
$$s = \int_{-b}^b \sqrt{1 + [(ax^2)']^2}\,\mathrm{d}x = 2\int_0^b \sqrt{1 + (2ax)^2}\,\mathrm{d}x = \frac{1}{a}\int_0^b \sqrt{1 + (2ax)^2}\,\mathrm{d}(2ax)$$
$$= \frac{1}{a}\left[\frac{1}{2}(2ax)\sqrt{1 + (2ax)^2} + \frac{1}{2}\ln(2ax + \sqrt{1 + (2ax)^2})\right]\Big|_0^b$$
$$= b\sqrt{1 + 4a^2b^2} + \frac{1}{2a}\ln(2ab + \sqrt{1 + 4a^2b^2}).$$

3. 体积

(1) 平行截面面积为已知的立体的体积

设有一空间立体 Ω 介于垂直于 x 轴的两平面 $x = a$ 和 $x = b$ 之间. 任取 $x \in [a, b]$, 过 x 作一垂直于 x 轴的平面 P_x 与 Ω 相交. 假定截面面积 $S(x)$ 为 x 的连续函数. 这时可取横坐标 x 为积分变量, 它的变化区间为 $[a, b]$. 立体中相应于 $[a, b]$ 上任一小区间 $[x, x+\mathrm{d}x]$ 的一薄片的体积, 近似等于底面积为 $S(x)$, 高为 $\mathrm{d}x$ 的扁柱体的体积 (见图 6-14), 即体积元素 $\mathrm{d}V = S(x)\mathrm{d}x$, 以 $S(x)\mathrm{d}x$ 为被积表达式, 在闭区间 $[a, b]$ 上作定积分, 便得所求立体的体积.
$$V = \int_a^b S(x)\,\mathrm{d}x.$$

例 5 若两个底面半径为 R 的圆柱体垂直相交, 求它们公共部分的体积.

解 如图 6-15 所示, 所求公共部分的体积为第一卦限中体积的 8 倍. 现考虑公共部分位于第一卦限的部分. 此时, 任一垂直于 Ox 轴的截面均为一正方形, 截面面积 $A(x) = y^2 = R^2 - x^2$, 因此
$$V = 8\int_0^R (R^2 - x^2)\,\mathrm{d}x = 8\left(R^2 x - \frac{1}{3}x^3\right)\Big|_0^R = \frac{16}{3}R^3.$$

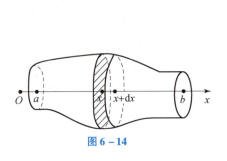

图 6-14

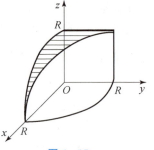

图 6-15

(2) 旋转体的体积

设旋转体 Ω 是由 xOy 平面内的曲线 $y=f(x)$、直线 $x=a$、$x=b$ 及 x 轴所围成的曲边梯形绕 x 轴旋转一周而形成的（见图 6-16）. 设 $x \in [a,b]$，用过点 x 且垂直于 x 轴的平面截该旋转体所得到的截面是半径为 $|f(x)|$ 的圆，其面积为

$$S(x) = \pi |f(x)|^2 = \pi [f(x)]^2.$$

图 6-16

于是旋转体 Ω 的体积为

$$V = \pi \int_a^b [f(x)]^2 dx.$$

例 6 求半径为 R 的球体的体积.

解 半径为 R 的球体可看作是由 xOy 平面内的曲线 $y = \sqrt{R^2 - x^2}$ 与 x 轴所围成的半圆绕 x 轴旋转一周所得. 由于 $-R \leq x \leq R$，因此

$$V = \pi \int_{-R}^{R} (\sqrt{R^2 - x^2})^2 dx$$

$$= \pi \left(R^2 x - \frac{1}{3} x^3 \right) \Big|_{-R}^{R}$$

$$= \frac{4}{3} \pi R^3.$$

类似地可以得到，若 Ω 是由 xOy 平面内的曲线 $x = g(y)$、直线 $y = c$、$y = d$ 及 y 轴所围成的曲边梯形绕 y 轴旋转一周所得到的旋转体，则 Ω 的体积 V 为

$$V = \pi \int_c^d [g(y)]^2 dy.$$

例 7 设旋转体 Ω 是由 xOy 平面内的曲线 $\dfrac{x^2}{a^2} + \dfrac{y^2}{b^2} = 1$ 所围成的图形绕 y 轴旋转一周所得（见图 6-17），求其体积 V.

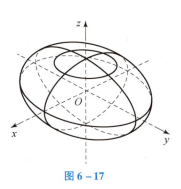

图 6-17

解 $V = \pi \int_{-b}^{b} \left[a\sqrt{1 - \dfrac{y^2}{b^2}} \right]^2 dy = \pi \int_{-b}^{b} a^2 \left(1 - \dfrac{y^2}{b^2} \right) dy$

$= 2\pi a^2 \int_0^b \left(1 - \dfrac{y^2}{b^2} \right) dy$

$= 2\pi a^2 \left(y - \dfrac{1}{3b^2} y^3 \right) \Big|_0^b$

$= \dfrac{4}{3} \pi a^2 b.$

三、定积分在物理中的应用

1. 平均值

我们知道,若给定 n 个数 y_1, y_2, $\cdots$, y_n, 则它们的算术平均值为

$$\bar{y} = \frac{y_1 + y_2 + \cdots + y_n}{n} = \frac{1}{n}\sum_{i=1}^{n} y_i.$$

那么如何求连续函数 $y = f(x)$ 在区间 $[a, b]$ 上的平均值呢?

解决问题的思路是:首先把区间 $[a, b]$ 分割成 n 个等长的小区间,每个小区间的长度均为 $\Delta x_i = \frac{1}{n}(b-a)$ $(i = 1, 2, \cdots, n)$,在每个小区间内任选一点,分别记为 ξ_1, ξ_2, $\cdots$, ξ_n,则可求得对应的函数值为 $f(\xi_1)$, $f(\xi_2)$, $\cdots$, $f(\xi_n)$,这 n 个数的算术平均值为

$$\frac{1}{n}[f(\xi_1) + f(\xi_2) + \cdots + f(\xi_n)] = \frac{1}{b-a}[f(\xi_1)\Delta x_1 + f(\xi_2)\Delta x_2 + \cdots + f(\xi_n)\Delta x_n]$$

$$= \frac{1}{b-a}\sum_{i=1}^{n} f(\xi_i)\Delta x_i.$$

可见,n 越大,其近似程度越高. 因此,当 $n \to +\infty$ 时可得函数 $f(x)$ 在区间 $[a, b]$ 上的平均值为

$$\bar{y} = \lim_{n \to +\infty} \frac{1}{b-a}\sum_{i=1}^{n} f(\xi_i)\Delta x_i$$

$$= \frac{1}{b-a}\int_a^b f(x)\,dx.$$

例 8 求从 0 秒到 t 秒这段时间内自由落体的平均速度.

解 因为自由落体的速度为 $v = gt$,所以平均速度

$$\bar{v} = \frac{1}{t-0}\int_0^t gt\,dt$$

$$= \frac{1}{t}\left(\frac{1}{2}gt^2\right)\Big|_0^t = \frac{1}{2}gt.$$

例 9 计算函数 $y = 1 + x^2$ 在区间 $[-1, 2]$ 上的平均值.

解 $\bar{y} = \frac{1}{2-(-1)}\int_{-1}^{2}(1+x^2)\,dx$

$$= \frac{1}{3}\left(x + \frac{1}{3}x^3\right)\Big|_{-1}^{2} = 2.$$

2. 功的计算

如果物体在运动过程中所受到的力是变化的,这就会遇到变力对物体做功的问题. 变力所做的功要用定积分来计算,下面来看两个具体例子.

例 10 空气压缩机内有一个面积为 A 的活塞和一定量的气体. 在等温条件下,由于气体的膨胀,将活塞从 a 处推移到 b 处(见图 6-18),求气体压力所做的功.

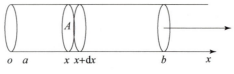

图 6-18

解 在 $[a, b]$ 上任取一小区间 $[x, x+\mathrm{d}x]$，考虑在该区间上压力所做的功. 由物理学知，压力等于压强与面积的乘积，而压强与气体体积成反比. 由于点 x 处的气体的体积为
$$V = Ax,$$
故压强 $p = \dfrac{k}{V} = \dfrac{k}{Ax}$ （k 为常数）.

从而点 x 处的压力为 $F(x) = pA = \dfrac{k}{Ax} \cdot A = \dfrac{k}{x}$.

在该力的作用下，活塞产生了与压力方向一致的位移 $\mathrm{d}x$，因此功元素为
$$\mathrm{d}W = F(x)\mathrm{d}x = \dfrac{k}{x}\mathrm{d}x.$$

于是所求的功为
$$W = \int_a^b \mathrm{d}W = \int_a^b \dfrac{k}{x}\mathrm{d}x = k\ln\left(\dfrac{b}{a}\right).$$

例 11 自地面垂直向上发射质量为 m 的火箭，求当将火箭发射到距离地面的高度为 h 时克服地球引力所做的功.

解 设地球的质量为 M，半径为 R，假定地球的质量集中于地心，则火箭从距离地心 R 处运行到距离地心 $R+h$ 处. 在 $[R, R+h]$ 上任取一小区间 $[x, x+\mathrm{d}x]$，考虑在这个小区间上为克服地球引力所做的功.

根据万有引力定律知，在点 x 处火箭受到的地球引力为
$$F(x) = \dfrac{kMm}{x^2}.$$

由于当 $x = R$ 时，火箭所受引力等于其自身重力 mg，故 $\dfrac{kMm}{R^2} = mg$，即 $k = \dfrac{gR^2}{M}$. 由此推知，在点 x 处火箭受到的引力为
$$F(x) = \dfrac{mgR^2}{x^2}.$$

在小区间上火箭移动的距离为 $\mathrm{d}x$，故功元素 $\mathrm{d}W = F(x)\mathrm{d}x = \dfrac{mgR^2}{x^2}\mathrm{d}x$，从而做功
$$W = \int_R^{R+h} \mathrm{d}W = \int_R^{R+h} \dfrac{mgR^2}{x^2}\mathrm{d}x = mgR^2\left(\dfrac{1}{R} - \dfrac{1}{R+h}\right).$$

为了使得火箭脱离地球，应使 $h \to +\infty$，此时做功 $W \to mgR$. 如果想要火箭脱离地球引力范围，初始动能应该不小于这个做功. 假定火箭初始速度为 v_0，于是有
$$\dfrac{1}{2}mv_0^2 \geqslant mgR \Rightarrow v_0 \geqslant \sqrt{2gR} \approx 11.2 \text{ km/s}.$$

这个速度称为第二宇宙速度.

3. 液体压力的计算

当将平板垂直放在液体中时，由于不同深度的点所受的压强不相等，因此不能用常规方法计算平板一侧所受的液体压力，这时就需要用定积分来求解，来看下面的例子.

例 12 水库的放水闸门为一梯形（见图 6-19），闸门上底长为 6 m，下底长为 2 m，高为 10 m. 当水面与闸门顶部平齐时，求闸门所受水的压力.

解 从物理学得知，压力是压强与面积的乘积，即 $F=pS$. 在水深为 h 处，压强 $p=\gamma gh$，其中系数 γ 为水的密度（1 000 kg/m³）.

如图 6-19 所示，在区间 $[0,10]$ 上任取一小区间 $[x,x+\mathrm{d}x]$，在点 x 处压强为 $p=\gamma gx$. 小区间 $[x,x+\mathrm{d}x]$ 所对应的近似小长方形的面积为 $2f(x)\mathrm{d}x$，于是压力元素 $\mathrm{d}F=2\gamma gxf(x)\mathrm{d}x$. 通过几何知识，容易得到 $f(x)=3-\dfrac{x}{5}$，从而水压力

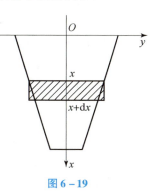

图 6-19

$$F=\int_0^{10}\mathrm{d}F=\int_0^{10}2\ 000\times 10x\left(3-\dfrac{x}{5}\right)\mathrm{d}x\approx 1.67\times 10^6\ \text{N（牛顿）}.$$

习题 6-5

1. 求下列曲线所围成的平面图形面积.
   (1) $y=2x^2$，$y=x^2$ 与 $y=1$；
   (2) $y=\sin x$，$y=\cos x$ 与直线 $x=0$，$x=\dfrac{\pi}{2}$.

2. 求抛物线 $y=\dfrac{1}{4}x^2$ 与在点 $(2,1)$ 处的法线所围图形的面积.

3. 求三叶玫瑰线 $r=a\sin 3\theta$ 所围成的图形的面积.

4. 在双纽线 $r^2=4\cos 2\theta$ 上求一点 $M(r_1,\theta_1)$，使 OM 分割第一象限部分的图形为面积相等的两部分.

5. 有一立体，以长半轴 $a=10$，短半轴 $b=5$ 的椭圆为底，而垂直于长轴的截面都是等边三角形，求其体积.

6. 求抛物线 $y=x^2+2$ 与直线 $x=0$、$x=2$ 以及 x 轴所围图形绕 $y=-2$ 旋转一周所得体积.

第六章 复习题

1. 计算下列定积分.
   (1) $\displaystyle\int_0^1\dfrac{\mathrm{d}x}{x^2+3x+2}$；
   (2) $\displaystyle\int_0^{\pi}\sqrt{1+\cos 2x}\,\mathrm{d}x$；
   (3) $\displaystyle\int_{-1}^1\dfrac{x}{\sqrt{5-4x}}\mathrm{d}x$；
   (4) $\displaystyle\int_0^{\frac{\pi}{2}}\mathrm{e}^{2x}\sin x\,\mathrm{d}x$；

(5) $\int_{-1}^{1}(|x|+x)e^{-|x|}dx$; (6) $\int_{0}^{\ln 2}\sqrt{1-e^{-2x}}dx$.

2. 计算下列积分.

(1) $\int_{1}^{+\infty}\frac{1}{x^4}dx$; (2) $\int_{e}^{+\infty}\frac{\ln x}{x}dx$;

(3) $\int_{0}^{2}\frac{1}{(1-x)^2}dx$.

3. 求由下列曲线所围成的平面图形的面积.

(1) $y=\frac{1}{x}$, $y=x$, $x=2$;

(2) $y^2=2x$, $x-y=4$.

4. 计算由曲线 $xy=2$、$y-2x=0$、$2y-x=0$ 所围成的图形的面积.

5. 求由曲线 $y=x^2$ 与 $y=1$ 所围成的图形绕 x 轴旋转一周而形成的旋转体的体积.

6. 求由曲线 $y=e^x$($x\leq 0$)、$y=0$、$x=0$ 所围成的图形分别绕 x 轴、y 轴旋转一周所得立体的体积.

7. 油类通过直油管时，中间流速大，越靠近管壁流速越小，试验测定，某处的流速 v 与该处到管子中心的距离 r 之间有关系式 $v=k(a^2-r^2)$，其中 k 为比例系数，a 为油管半径，试用微元法求通过油管的流量 Q.

8. 有一圆形城市，离市中心越近，其人口密度越大，而离中心越远，人口密度越小. 已知在距市中心 r km 处的人口密度为 $10\ 000(3-r)$ 人/km^2.

(1) 假设到了城市的边缘处人口密度为0，那么，试求出这一城市的半径.

(2) 这一城市的总人口数量是多少？

9. 求使函数 $f(x)=2+6x-2x^2$ 在 $[0,b]$ 上的平均值等于3的 b 值.

10. 某一城市在上午9点以后的温度近似值可用函数 $T(t)=50+14\sin\frac{\pi}{12}t$ 表示，其中 t 的单位是小时，求从上午9时到晚上9时这段时间内该城市的平均温度.

11. 人体呼吸的整个过程需要5秒钟，进入肺部的空气速率是 $f(t)=\frac{1}{2}\sin\frac{2\pi t}{5}$(L/s)，试计算一个呼吸循环过程中肺部吸入的平均空气量.

12. 高速"子弹"列车的加速度和减速度是 $1.5\ m/s^2$，它的最大运行速度是 180 km/h.

(1) 若列车从静止到加速后达到运行速度，求列车从静止到正常运行15分钟后，它行驶的最大距离.

(2) 假设列车从静止开始行驶到正常运行速度再完全停止用了15分钟，求它行驶的最大距离.

数学家故事

牛顿（Isaac Newton）

牛顿是英国伟大的数学家、物理学家和天文学家. 1643年1月4日生于英格兰林肯郡的沃尔索普村，1727年3月31日卒于伦敦. 牛顿幼年颇为不幸，出生前三个月，他的父亲去世，两年后，他的母亲改嫁，牛顿便由他的外祖母抚养．

到了十二岁，牛顿在舅父的资助下进入皇家中学．可这时的牛顿并不是一个聪明伶俐的孩子，他在学校里的功课都很差，而且身体也不好，性格沉默，爱做白日梦，几乎没有出众之处．牛顿的超人才智竟然是被一个野蛮的同学无理地在他身上踢了一脚而唤醒的！他跟那个同学打架而且打赢了，可是那个霸道的同学在功课方面却远比牛顿好．于是牛顿便下定决心，誓要在功课上超越对方，结果他不单在皇家中学里名列前茅，十八岁时更是进入了剑桥大学的三一学院．

1665 年，正当牛顿在剑桥大学修完学士课程之际，欧洲开始蔓延恐怖的鼠疫，于是牛顿便回到了故乡．在乡间，牛顿利用自制的三棱镜分析出太阳光的七种色彩，并发现了各单色光的折射率的差异．

但奇怪的是牛顿对这非凡的发现却三缄其口．原来他自知当时自己只不过是一个大学生，如果公开一个如此革命性的发现必然会触怒教授．直到五年以后，当他晋升为教授时才把昔日的发现公之于世．

在乡间的那段时光，牛顿还创立了积分的方法，并将其广泛应用在物理和几何学上．有一天，牛顿坐在乡间的一棵苹果树下沉思．忽然一个苹果掉落到地上．于是他发现所有的东西一旦失去支撑必然会坠下，继而他发现任何两物体之间都存在着吸引力，而这吸引力是与距离的平方成反比的，于是总结出了万有引力定律．可是，由于牛顿性格孤僻且固执，直到二十年后他才发表这一理论．另外，牛顿还在伽利略等人工作的基础上进行了深入研究和大量实验，最后总结出三大运动定律，奠定了经典力学的基础，牛顿也因此成为经典物理学的创始人．

莱布尼茨（Gottfried Wilhelm Leibniz）

莱布尼茨（1646—1716）是 17、18 世纪之交德国最伟大的数学家、物理学家和哲学家，一个举世罕见的科学天才．他博览群书，涉猎百科，对丰富人类的科学知识宝库做出了不可磨灭的贡献．

一、生平事迹

莱布尼茨出生于德国东部莱比锡的一个书香之家，父亲是莱比锡大学的道德哲学教授，母亲出生于一个教授家庭．莱布尼茨的父亲在他年仅 6 岁时便去世了，给他留下了丰富的藏书．莱布尼茨因此得以广泛接触古希腊罗马文化，阅读了许多著名学者的著作，由此而获得了坚实的文化功底和明确的学术目标．15 岁时，他进入莱比锡大学学习法律，一进校便跟上了大学二年级标准的人文学科的课程，他还广泛阅读了培根、开普勒、伽利略等人的著作，并对他们的著述进行深入的思考和评价．在听了教授讲授的欧几里得的《几何原本》的课程后，莱布尼茨对数学产生了浓厚的兴趣．17 岁时他在大学进行了短期的数学学习，并获得了哲学硕士学位．

20 岁时，莱布尼茨转入阿尔特多夫大学，这一年，他发表了第一篇数学论文《论组合的艺术》．这是一篇关于数理逻辑的文章，其基本思想是把理论的真理性论证归结于一种计算的结果．这篇论文虽不够成熟，但却闪耀着创新的智慧和数学的才华．莱布尼茨在阿尔特多夫大学获得博士学位后便投身外交界．从 1671 年开始，他利用外交活动开拓了与外界的广泛联系，尤以通信作为他获取外界信息、与人进行思想交流的一种主要方式．在出访巴黎时，莱布尼茨深受帕斯卡事迹的鼓舞，决心钻研高等数学，并研究了笛卡尔、费马、帕斯卡等人的著作，1673年，莱布尼茨被推荐为英国皇家学会会员．此时，他的兴趣已明显地转向了数学和自然科学，开始了对无穷小算法的研究，独立地创立了微积分的基本概念与算法，和牛顿并蒂双辉共同奠定了微积分学的基础．1676年，他到汉诺威公爵府担任法律顾问兼图书馆馆长．1700年被选为巴黎科学院院士，促成建立了柏林科学院并任首任院长．

1716年11月14日，莱布尼茨在汉诺威逝世，终年70岁．

二、始创微积分

17世纪下半叶，欧洲科学技术迅猛发展，由于生产力的提高和社会各方面的迫切需要，经过各国科学家的努力与历史的积累，建立在函数与极限概念基础上的微积分理论应运而生了．微积分思想，最早可以追溯到古希腊由阿基米德等人提出的计算面积和体积的方法．1665年牛顿始创了微积分，莱布尼茨在1673—1676年间也发表了微积分思想的论著．以前，微分和积分作为两种数学运算和两类数学问题，是分开加以研究的．卡瓦列里、巴罗、沃利斯等人得到了一系列求面积（积分）、求切线斜率（导数）的重要结果，但这些结果都是孤立的、不连贯的．只有莱布尼茨和牛顿将积分和微分真正联系起来，明确地找到了两者内在的直接联系：微分和积分是互逆的两种运算．而这是微积分建立的关键所在．只有确立了这一基本关系，才能在此基础上构建系统的微积分学．并从对各种函数的微分和求积公式中，总结出共同的算法程序，使微积分方法普遍化，发展成用符号表示的微积分运算法则．因此，微积分"是牛顿和莱布尼茨大体上完成的，但不是由他们发明的"（恩格斯：《自然辩证法》）．

然而关于微积分创立的优先权，数学史上曾掀起过一场激烈的争论．实际上，牛顿在微积分方面的研究虽早于莱布尼茨，但莱布尼茨成果的发表则早于牛顿．莱布尼茨1684年10月发表在《教师学报》上的论文《一种求极大极小的奇妙类型的计算》，在数学史上被认为是最早发表的微积分文献．牛顿在1687年出版的《自然哲学的数学原理》的第一版和第二版也写道："十年前在我和最杰出的几何学家莱布尼茨的通信中，我表明我已经知道确定极大值和极小值的方法、作切线的方法以及类似的方法，但我在交换的信件中隐瞒了这些方法，……这位最卓越的科学家在回信中写道，他也发现了一种同样的方法．他叙述了他的方法，它与我的方法几乎没有什么不同，除了他的措词和符号以外．"（但在第三版及以后再版时，这段话被删掉了．）因此，后来人们公认牛顿和莱布尼茨是各自独立地创建微积分的．牛顿从物理学出发，运用集合方法研究微积分，其应用上更多地结合了运动学，造诣高于莱布尼茨．莱布尼茨则从几何问题出发，运用分析学方法引进微积分概念、得出运算法则，其数学的严密性与系统性是牛顿所不及的．莱布尼茨认识到好的数学符号能节省思维劳动，运用符号的技巧是数学成功的关键之一．因此，他发明了一套适用的符号系统，如引入 dx 表示 x 的微分，引入 $\int$ 表示积分，引入 $d^n x$ 表示 n 阶微分等．这些符号进一步促进了微积分学的发展．1713年，莱布尼茨发表了《微积分的历史和起源》一文，总结了自己创立微积分学的思路，说明了自己成就的独立性．

三、高等数学上的众多成就

莱布尼茨在数学方面的成就是巨大的，他的研究及成果渗透到高等数学的许多领域．他的一系列重要数学理论的提出，为后来的数学理论奠定了基础．

莱布尼茨曾讨论过复数和复数的性质，得出复数的对数并不存在、共轭复数的和是实数的结论. 在后来的研究中, 莱布尼茨证明了自己的结论是正确的. 他还对线性方程组进行研究, 对消元法从理论上进行了探讨, 并首先引入了行列式的概念, 提出行列式的某些理论. 此外, 莱布尼茨还创立了符号逻辑学的基本概念, 发明了能够进行加、减、乘、除及开方运算的计算机和二进制, 为计算机的现代发展奠定了坚实的基础.

学习评价

姓名		学号		班级	
第六章			定积分及其应用		
知识点			已掌握内容		需进一步学习内容
知识点 1		定积分的概念与性质			
知识点 2		微积分基本公式			
知识点 3		定积分的换元积分法与分部积分法			
知识点 4		广义积分			
知识点 5		定积分的应用			

第七章 微分方程及其应用

知识目标
1. 了解微分方程的基本概念.
2. 掌握可分离变量微分方程的解法.
3. 掌握可降阶的高阶微分方程的解法.
4. 掌握二阶常系数线性微分方程解的性质,以及齐次微分方程和非齐次微分方程的解法.

素质目标
微分方程作为一门独立的学科,在自然界及工程、经济、军事和社会等领域中有着广泛的应用,求解方程的过程,能提高逻辑思维能力和意志力,培养正确的思想道德观.

在科学研究和生产实践中,往往不能直接得到所求的函数关系,却可以列出含有未知函数及其导数的关系式,即通常所说的微分方程. 在此关系式中找出未知函数来,就是解微分方程. 微分方程是描述客观事物的数量关系的一种重要的数学模型,微分方程的理论已成为数学学科的一个重要分支. 本章主要介绍微分方程的基本概念和几种常用的微分方程的解法.

第一节 微分方程的基本概念

一、引例

例1 一曲线通过点 $(0,1)$,且该曲线上任意点处的切线斜率等于该点横坐标的二倍,求此曲线方程.

解 设所求曲线方程为 $y=f(x)$,由导数的几何意义得

$$\frac{dy}{dx}=2x.$$

对上式两端积分,得

$$y=\int 2x dx = x^2 + C,$$

其中,C 为任意常数. 由于曲线经过点 $(0,1)$,所以

$$1=0+C,\ C=1,$$

即曲线方程为

$$y = x^2 + 1.$$

例2 质量为 m 的物体只受重力作用自由下落，试求物体下落的距离 s 与时间 t 的函数关系.

解 设物体下落的距离 s 与时间 t 的函数关系为 $s = s(t)$，由于只受重力作用，根据牛顿第二定律知 $F = ma = mg$（a 是物体下落时的加速度，g 是重力加速度），

由二阶导数的力学意义知 $a = \dfrac{d^2 s}{dt^2}$，于是 $\dfrac{d^2 s}{dt^2} = g$，对其两端积分得

$$\frac{ds}{dt} = gt + C_1.$$

再一次积分，得 $s(t) = \dfrac{1}{2} gt^2 + C_1 t + C_2$，

其中 C_1，C_2 都是任意常数.

由于自由落体运动的初始距离和初始速度都为 0，所以 $s(t)\big|_{t=0} = 0$，$\dfrac{ds}{dt}\bigg|_{t=0} = 0$. 代入上式得 $C_1 = 0$，$C_2 = 0$.

所以 $s(t) = \dfrac{1}{2} gt^2$.

二、微分方程的基本概念

定义 7.1 凡表示未知函数、未知函数的导数与自变量之间的关系的方程称为微分方程. 未知函数是一元函数的微分方程称为常微分方程，未知函数是多元函数的微分方程称为偏微分方程.

如 $\dfrac{dy}{dx} = 2x$，$\dfrac{d^2 s}{dt^2} = g$，$x^2 dx + y dy = 0$ 等都是常微分方程. 本章只讨论一些常微分方程.

微分方程中出现的未知函数的最高阶导数的阶数称为<u>微分方程的阶</u>.

如 $\dfrac{dy}{dx} = 2x$，$x^2 dx + y dy = 0$，$xy' = 2y$ 都是一阶微分方程；$\dfrac{d^2 s}{dt^2} = g$，$y'' + 2y' + y = 0$ 都是二阶微分方程；又如，$\dfrac{d^3 y}{dx^3} - 2x \dfrac{d^2 y}{dx^2} - 5y = 0$ 是三阶微分方程，$3y^{(4)} - 6xy^2 + 4y = 0$ 是四阶微分方程.

定义 7.2 满足微分方程的函数称为微分方程的解.

如 $y = x^2$，$y = x^2 + 1$，$y = x^2 + C$ 都是微分方程 $\dfrac{dy}{dx} = 2x$ 的解. 其中 $y = x^2 + C$ 含有任意常数，且独立的任意常数的个数与微分方程的阶数相同，这样的解称为微分方程的<u>通解</u>，而 $y = x^2$，$y = x^2 + 1$ 也是微分方程 $\dfrac{dy}{dx} = 2x$ 的解，不含有任意常数，是通解中任意常数取特定值时所得的方程的解，称为方程的<u>特解</u>. 用来确定通解中任意常数的条件称为初始条件，记为 $y(x_0) = y_0$ 或 $y'\big|_{x=x_0} = y_0$，$y'(x_0) = y_0$.

例3 验证函数 $y = \cos x$ 是方程 $y'' + y = 0$ 的解.

解 因为 $y' = -\sin x$，$y'' = -\cos x$，

所以 $y'' + y = -\cos x + \cos x = 0$，

即 $y = \cos x$ 满足方程，是该微分方程的解.

习题 7-1

1. 指出下列各微分方程的阶数.

   (1) $x^2 dy + y dx = 0$;

   (2) $y'' = 2x^2 + 5$;

   (3) $x(y'')^4 + 2yy' - 3x = 0$;

   (4) $y\dfrac{dy}{dx} - 2xy^2 = x$;

   (5) $t ds + 2(t-1) dt = 0$;

   (6) $2y'' + 3y' - 5y = 0$.

2. 验证下列各题中的函数是否为所给微分方程的解.

   (1) $y = -3x^2$, $xy' = 2y$;

   (2) $y = C_1 x + C_2 x^2$, $\dfrac{d^2 y}{dx^2} - \dfrac{2}{x}\dfrac{dy}{dx} + \dfrac{2y}{x^2} = 0$;

   (3) $y = e^{-x} - x^2 e^{-x}$, $y'' + 2y' + y = 0$;

   (4) $y = \sin x - 2\cos x$, $y'' + y = 0$.

3. 设曲线上任意一点的切线斜率都是该点横坐标的三倍,且曲线过 $(1, 2)$,求该曲线的方程.

第二节　一阶微分方程

一阶微分方程的一般形式为

$$y' = f(x, y)$$

本节介绍两种常用的一阶微分方程类型,即可分离变量的微分方程和一阶线性微分方程.

一、可分离变量的一阶微分方程

如果一阶微分方程可以写成

$$\dfrac{dy}{dx} = f(x) g(y)$$

的形式,则称此微分方程为可分离变量的微分方程.

可分离变量的微分方程的特点是:方程左边是 y 对 x 的导数,右边是一个只含 x 的函数 $f(x)$ 与一个只含 y 的函数 $g(y)$ 的乘积. 因此,方程经过适当变形可以将含有同一变量的函数与微分分离到等式的同一端.

此类方程解法如下:

(1) 分离变量,将方程变形为

$$\dfrac{dy}{g(y)} = f(x) dx, \text{ 其中 } g(y) \neq 0.$$

(2) 两边积分

$$\int \dfrac{dy}{g(y)} = \int f(x) dx,$$

得方程的通解

$$G(y) = F(x) + C.$$

其中 $G(y)$，$F(x)$ 分别是 $\dfrac{1}{g(y)}$，$f(x)$ 的一个原函数.

例 1　求微分方程 $\dfrac{\mathrm{d}y}{\mathrm{d}x}=\dfrac{x}{y}$ 的通解.

解　将原方程分离变量，得
$$y\mathrm{d}y = x\mathrm{d}x,$$

两边积分得
$$\int y\mathrm{d}y = \int x\mathrm{d}x + C_1,$$

$$\frac{1}{2}y^2 = \frac{1}{2}x^2 + C_1,$$

即通解为 $y^2 - x^2 = C(C = 2C_1)$，其中 C 为任意常数.

例 2　求微分方程 $(1+x^2)\mathrm{d}y - xy\mathrm{d}x = 0$ 的通解.

解　将原方程分离变量，得
$$\frac{\mathrm{d}y}{y} = \frac{x}{1+x^2}\mathrm{d}x,$$

两边积分，得
$$\ln|y| = \frac{1}{2}\ln(1+x^2) + \ln|C|,$$

整理，得通解 $y = C(1+x^2)^{\frac{1}{2}}$.

例 3　求微分方程 $y' - \mathrm{e}^y\sin x = 0$ 的通解.

解　将原方程分离变量，得
$$\mathrm{e}^{-y}\mathrm{d}y = \sin x\mathrm{d}x,$$

两边积分
$$\int \mathrm{e}^{-y}\mathrm{d}y = \int \sin x\mathrm{d}x,$$

得方程的通解
$$\cos x - \mathrm{e}^{-y} = C,$$

通解也可简化为
$$y = -\ln(\cos x - C).$$

例 4　求微分方程 $(1+\mathrm{e}^x)yy' = \mathrm{e}^x$ 满足初始条件 $y|_{x=0}=1$ 的特解.

解　将原方程分离变量，得
$$y\mathrm{d}y = \frac{\mathrm{e}^x}{1+\mathrm{e}^x}\mathrm{d}x,$$

两边积分
$$\int y\mathrm{d}y = \int \frac{\mathrm{e}^x}{1+\mathrm{e}^x}\mathrm{d}x,$$

得方程的通解
$$\frac{1}{2}y^2 = \ln(1+\mathrm{e}^x) + C,$$

由初始条件 $y|_{x=0}=1$，得 $C = \dfrac{1}{2} - \ln 2$，

所以方程的特解为 $y^2 = 2\ln(1+\mathrm{e}^x) + 1 - 2\ln 2$.

二、一阶线性微分方程

如果一阶微分方程可以写成
$$y' + p(x)y = q(x)$$

的形式，则称此微分方程为一阶线性微分方程，其中 $p(x)$，$q(x)$ 是 x 的已知函数. 其

特点是未知函数 y 及其导数 y' 都是一次的（即线性的）.

若 $q(x) \equiv 0$，则方程变为
$$y' + p(x)y = 0,$$
称为一阶线性齐次微分方程.

若 $q(x) \neq 0$，则对应微分方程称为一阶线性非齐次微分方程.

下面讨论其解法：

（1）一阶线性齐次方程的通解

一阶线性齐次方程
$$y' + p(x)y = 0$$
为可分离变量的微分方程，分离变量后，得
$$\frac{dy}{y} = -p(x)dx,$$
两边积分，得
$$\ln|y| = -\int p(x)dx + \ln|C|,$$
通解为
$$y = Ce^{-\int p(x)dx}.$$

（2）一阶线性非齐次方程的通解

一阶线性非齐次方程
$$y' + p(x)y = q(x)$$
的通解可以利用"常数变易法"求得，前面得到的 $y = Ce^{-\int p(x)dx}$ 是一阶线性齐次方程的通解，其中 C 为常数. 可设想常数 C 换成待定函数 $C(x)$ 后，有可能是一阶线性非齐次方程的解.

假设 $y = C(x)e^{-\int p(x)dx}$ 为一阶线性非齐次方程的解，并将其代入方程后得
$$C'(x)e^{-\int p(x)dx} - C(x)p(x)e^{-\int p(x)dx} + C(x)p(x)e^{-\int p(x)dx} = q(x),$$
即
$$C'(x)e^{-\int p(x)dx} = q(x), \quad C'(x) = q(x)e^{\int p(x)dx},$$
两边积分，得
$$C(x) = \int q(x)e^{\int p(x)dx}dx + C,$$
将 $C(x)$ 代入 $y = C(x)e^{-\int p(x)dx}$，则
$$y = e^{-\int p(x)dx}\left[\int q(x)e^{\int p(x)dx}dx + C\right].$$

此式即为非齐次方程 $y' + p(x)y = q(x)$ 的通解.

上面这种把对应的齐次方程通解中的常数 C 变换成待定函数 $C(x)$，然后求得线性非齐次方程的通解的方法，称为 <u>常数变易法</u>.

用常数变易法求一阶线性非齐次方程的通解的步骤为：

①先求出线性非齐次方程所对应的齐次方程的通解；

②根据齐次方程的通解设出线性非齐次方程的解（将所求出的齐次方程通解中的任意常数 C 改为待定函数 $C(x)$ 即可）；

③将所设解代入线性非齐次方程，解出 $C(x)$，并写出线性非齐次方程的通解.

例 5 求微分方程 $y' - \dfrac{2y}{x} = 3$ 的通解.

解 对应的齐次方程 $y' - \dfrac{2y}{x} = 0$ 的通解为 $y = Ce^{-\int(-\frac{2}{x})dx} = Ce^{2\ln x} = Ce^{\ln x^2} = Cx^2.$

设所给线性非齐次方程的解为 $y = C(x)x^2$,

则 $y' = C'(x)x^2 + 2xC(x)$,

将 y 及 y' 代入原方程, 得

$$C'(x)x^2 + 2xC(x) - \frac{2C(x)x^2}{x} = 3,$$

化简, 得
$$C'(x) = \frac{3}{x^2},$$

积分, 得
$$C(x) = \int \frac{3}{x^2} dx = -\frac{3}{x} + C.$$

于是, 得到原方程的通解为
$$y = \left(-\frac{3}{x} + C\right)x^2 = Cx^2 - 3x.$$

也可利用一阶线性非齐次方程的通解公式 $y = e^{-\int p(x)dx}\left[\int q(x)e^{\int p(x)dx}dx + C\right]$, 直接把 $p(x) = -\frac{2}{x}$ 和 $q(x) = 3$ 代入即可求出.

例 6 求微分方程 $\dfrac{dy}{dx} + 2xy = 2xe^{-x^2}$ 满足初始条件 $y\big|_{x=0} = 2$ 的特解.

解 对应的齐次方程 $\dfrac{dy}{dx} + 2xy = 0$ 的通解为 $y = Ce^{-x^2}$.

设所给线性非齐次方程的解为 $y = C(x)e^{-x^2}$,

将 y 及 y' 代入原方程, 得
$$C'(x)e^{-x^2} - 2xC(x)e^{-x^2} + 2xC(x)e^{-x^2} = 2xe^{-x^2},$$

化简, 得 $C'(x) = 2x$,

积分, 得 $C(x) = x^2 + C$,

则所求原方程的通解为
$$y = (x^2 + C)e^{-x^2},$$

把初始条件 $y\big|_{x=0} = 2$ 代入上式, 得 $C = 2$,

所以方程的特解为
$$y = (x^2 + 2)e^{-x^2}.$$

习题 7-2

1. 求下列微分方程的通解.

(1) $y' = 2xy$;

(2) $xyy' = 1 - x^2$;

(3) $(1 + x^2)y' = \arctan x$;

(4) $dx + xy dy = y^2 dx + y dy$;

(5) $\sin x dy = 2y\cos x dx$;

(6) $xy' - y\ln y = 0$;

(7) $y' = (x + y)^2$;

(8) $y' = e^{\frac{y}{x}} + \dfrac{y}{x}$.

2. 求满足初始条件的微分方程的特解.

(1) $xyy' = \dfrac{1}{2}$, $y\big|_{x=1} = 0$;

(2) $y' = e^{x+y}$, $y|_{x=0} = 0$;

(3) $(\ln y)y' = \dfrac{y}{x^2}$, $y|_{x=2} = 1$;

(4) $\sec^2 x \tan y \, dx + \sec^2 y \tan x \, dy = 0$, $y|_{x=\frac{\pi}{4}} = \dfrac{\pi}{4}$.

3. 求下列一阶线性微分方程的通解.

(1) $(\cos x)y' + (\sin x)y = 1$;

(2) $y' = \dfrac{y}{x} + \ln x$;

(3) $xy' = 2x - 3y$;

(4) $x\dfrac{dy}{dx} + y = e^x$;

(5) $y' + y = e^{-x}$;

(6) $y' + y\tan x = \sin 2x$;

(7) $xy' + y = x^2 + 3x + 2$;

(8) $(x + y^3)dy = y dx$.

4. 求满足初始条件的微分方程的特解.

(1) $y' - y = e^{-x}$, $y|_{x=0} = 1$;

(2) $xy' - y = 2$, $y|_{x=1} = 3$;

(3) $x^2 dy + (2xy - x + 1)dx = 0$, $y|_{x=1} = 0$;

(4) $(x\tan y + \sin y)\dfrac{dy}{dx} - 1$, $y|_{x=0} = 0$.

5. 设 $f(x)$ 为连续函数，且满足

$$\int_0^x tf(t)\,dt = f(x) + x^2,$$

求 $f(x)$.

6. 一曲线过点 $(2,3)$，它在两坐标轴间的任意切线线段均被切点所平分，求该曲线的方程.

7. 过曲线 L 上任意一点 $P(x,y)(x>0, y>0)$ 作 PQ 垂直于 x 轴，PR 垂直于 y 轴，作曲线 L 的切线 PT 交 x 轴于 T 点，要使矩形 $OQPR$ 与三角形 PTQ 有相同的面积，求曲线 L 的方程.

第三节 可降阶的高阶微分方程

高阶微分方程是指二阶及二阶以上的微分方程. 本节只讨论三种特殊类型的高阶微分方程.

一、$y^{(n)} = f(x)$ 型的微分方程

微分方程 $y^{(n)} = f(x)$ 的右端仅含 x 的函数，这类方程只需通过 n 次积分就可以得到方程的通解.

例 1 求微分方程 $y'' = 2x - \sin x$ 的通解.

解 因为 $y'' = 2x - \sin x$，所以

$$y' = x^2 + \cos x + C_1,$$
$$y = \dfrac{1}{3}x^3 + \sin x + C_1 x + C_2.$$

例 2 求微分方程 $y^{(3)} = e^x - 2$ 的通解.

解 因为 $y^{(3)} = e^x - 2$，所以

$$y'' = e^x - 2x + C_1,$$
$$y' = e^x - x^2 + C_1 x + C_2,$$
$$y = e^x - \frac{1}{3}x^3 + \frac{1}{2}C_1 x^2 + C_2 x + C_3.$$

二、$y'' = f(x, y')$ 型的微分方程

微分方程 $y'' = f(x, y')$ 的右端不含未知函数 y，这类方程可令 $y' = p(x)$，则 $y'' = p'(x)$，代入方程得 $p'(x) = f(x, p(x))$，这是一个关于自变量 x 和未知函数 $p(x)$ 的一阶微分方程，若可求出其通解 $p = \varphi(x, C_1)$，则 $y' = \varphi(x, C_1)$，

两边积分，得到原方程的通解

$$y = \int \varphi(x, C_1) \, dx + C_2.$$

例3 求微分方程 $(1 + x^2) y'' = 4xy'$ 的通解.

解 设 $y' = p(x)$，代入方程，得

$$(1 + x^2) p' = 4xp,$$

分离变量得

$$\frac{dp}{p} = \frac{4x \, dx}{1 + x^2},$$

两边积分得

$$\ln p = 2\ln(1 + x^2) + \ln C_1,$$

即 $p = (1 + x^2)^2 C_1 = (1 + 2x^2 + x^4) C_1,$

所以

$$y' = (1 + 2x^2 + x^4) C_1,$$

再积分得

$$y = C_1 \left(x + \frac{2}{3}x^3 + \frac{1}{5}x^5 \right) + C_2.$$

例4 求微分方程 $(1 + e^x) y'' + y' = 0$ 的通解.

解 设 $y' = p(x)$，代入方程，得

$$(1 + e^x) p' + p = 0,$$

分离变量得

$$\frac{dp}{p} = -\frac{dx}{1 + e^x},$$

两边积分得

$$\int \frac{dp}{p} = -\int \frac{dx}{1 + e^x} = \int \frac{de^{-x}}{1 + e^{-x}},$$

$$\ln p = \ln(1 + e^{-x}) + \ln C_1,$$

$$p = C_1 (1 + e^{-x}),$$

即

$$y' = C_1 (1 + e^{-x}),$$

再积分得方程的通解

$$y = C_1 (x - e^{-x}) + C_2.$$

三、$y'' = f(y, y')$ 型的微分方程

微分方程 $y'' = f(y, y')$ 的右端不含自变量 x，这类方程可令 $y' = p(y)$，则

$$y'' = \frac{dp}{dx} = \frac{dp}{dy} \cdot \frac{dy}{dx} = p \frac{dp}{dy},$$

代入方程得 $p \dfrac{dp}{dy} = f(y, p)$，这是关于变量 y 和未知函数 $p(y)$ 的一阶微分方程，设其通解

为 $p = \varphi(y, C_1)$，即 $y' = \varphi(y, C_1)$.

分离变量并积分得

$$\int \frac{\mathrm{d}y}{\varphi(y, C_1)} = x + C_2.$$

例 5 求微分方程 $yy'' - y'^2 = 0$ 的通解.

解 设 $y' = p(y)$，则 $y'' = p\dfrac{\mathrm{d}p}{\mathrm{d}y}$，代入方程，得

$$yp\frac{\mathrm{d}p}{\mathrm{d}y} - p^2 = 0,$$

当 $p \neq 0$ 且 $y \neq 0$ 时，约去 p 得

$$y\frac{\mathrm{d}p}{\mathrm{d}y} = p,$$

分离变量得

$$\frac{\mathrm{d}p}{p} = \frac{\mathrm{d}y}{y},$$

两边积分得

$$\ln p = \ln y + \ln C_1,$$

即

$$p = C_1 y, \quad \frac{\mathrm{d}y}{\mathrm{d}x} = C_1 y,$$

再分离变量并积分得

$$\ln y = C_1 x + \ln C_2,$$

即

$$y = C_2 \mathrm{e}^{C_1 x},$$

当 $p = 0$ 时，$y = C$ 为原方程的解. 综上可知，方程的通解为 $y = C$ 或 $y = C_2 \mathrm{e}^{C_1 x}$.

习题 7-3

1. 求下列微分方程的通解.

（1）$y'' = 1 + \ln x$；

（2）$y^{(3)} = \mathrm{e}^x - \sin x$；

（3）$y'' = \dfrac{1}{x}y' + x$；

（4）$(1 + x^2)y'' = 2xy'$；

（5）$2xy'y'' = 1 + y'^2$；

（6）$y'' = y' + x$；

（7）$2yy'' + y'^2 = 0$；

（8）$y'' = 1 + y'^2$.

2. 求满足初始条件的微分方程的特解.

（1）$(x^2 + 1)y'' = 2xy'$，$y|_{x=0} = 1$，$y'|_{x=0} = 3$；

（2）$xy'' = y'$，$y|_{x=1} = 2$，$y'|_{x=1} = 1$；

（3）$y'' + \dfrac{1}{y^2}\mathrm{e}^{y^2} y' - 2xy'^2 = 0$，$y|_{x=-\frac{1}{2e}} = 1$，$y'|_{x=-\frac{1}{2e}} = \mathrm{e}$.

第四节 二阶常系数线性微分方程

一、二阶常系数线性微分方程解的性质

形如

$$y'' + py' + qy = 0 \qquad (7-1)$$

的方程（其中 p，q 为常数），称为二阶常系数齐次线性微分方程.

定理 7.1（齐次线性方程解的叠加原理） 若 y_1，y_2 是线性齐次方程（1）的两个解，则 $y=C_1y_1+C_2y_2$ 也是方程（7-1）的解，且当 y_1 与 y_2 线性无关时，$y=C_1y_1+C_2y_2$ 就是方程 7-1）的通解.

所谓两个函数 y_1 与 y_2 线性相关是指：若存在两个不全为零的常数 k_1，k_2，使得 $k_1y_1+k_2y_2=0$，则称函数 y_1 与 y_2 线性相关，否则称函数 y_1 与 y_2 线性无关.

对函数 $y_1=\sin x$，$y_2=\frac{1}{2}\sin x$，有 $\sin x-2\times\frac{1}{2}\sin x=0$，所以 y_1 与 y_2 线性相关，且可以看到 $\frac{y_1}{y_2}=2$ 是一个常数. 因此，判断两个函数在区间内是否线性相关的一种简单方法是：

$\frac{y_1}{y_2}=$ 常数，y_1 与 y_2 线性相关；$\frac{y_1}{y_2}\neq$ 常数，y_1 与 y_2 线性无关.

形如
$$y''+py'+qy=f(x) \tag{7-2}$$
的方程（其中 p，q 为常数），称为二阶常系数非齐次线性微分方程. 称 $y''+py'+qy=0$ 为方程（7-2）所对应的齐次方程.

定理 7.2（非齐次线性方程解的结构） 若 y_p 为线性非齐次方程（2）的某个特解，y_c 为对应的齐次线性方程的通解，则 $y=y_p+y_c$ 为非齐次线性方程（7-2）的通解.

二、二阶常系数齐次线性微分方程的解法

二阶常系数齐次线性微分方程的一般形式为
$$y''+py'+qy=0 \tag{7-3}$$
其中 p，q 均为常数.

由定理 7.1 可知，只要找出方程（7-3）的两个线性无关的特解 y_1 与 y_2，即可得方程（7-3）的通解 $y=C_1y_1+C_2y_2$.

由齐次线性方程的特点知，未知函数与其一阶、二阶导数经线性组合后可合并成零，具有这种特征的最简单的函数是指数函数 $y=\mathrm{e}^{rx}$（其中 r 为待定常数），因此可用来试解.

将 $y=\mathrm{e}^{rx}$，$y'=r\mathrm{e}^{rx}$，$y''=r^2\mathrm{e}^{rx}$ 代入方程（7-3）得
$$\mathrm{e}^{rx}(r^2+pr+q)=0,$$
有
$$r^2+pr+q=0. \tag{7-4}$$

可以看到，只要 r 是方程（7-4）的根，函数 $y=\mathrm{e}^{rx}$ 就是微分方程（7-3）的解，于是微分方程（7-3）的求解问题就转化为求代数方程（7-4）的根的问题.

代数方程（7-4）称为微分方程（7-3）的特征方程，其根称为特征根.

特征方程是一个二次方程，它的根有三种情况，因此方程（7-3）的通解也有三种情况，下面直接给出其结论.

1. 当 $p^2-4q>0$ 时，特征方程（7-4）有两个不相等的实根 r_1 和 r_2，$y_1=\mathrm{e}^{r_1x}$ 与 $y_2=\mathrm{e}^{r_2x}$ 是微分方程（7-3）的两个线性无关的解，因此微分方程（1）的通解为
$$y=C_1\mathrm{e}^{r_1x}+C_2\mathrm{e}^{r_2x}.$$

2. 当 $p^2-4q=0$ 时，特征方程（7-4）有两个相等的实根 $r_1=r_2=r$，$y_1=\mathrm{e}^{rx}$ 是微分方程

(7-3) 的一个解．可以验证，$y_2 = x\mathrm{e}^{rx}$ 也是微分方程（7-3）的解，且 $y = \mathrm{e}^{rx}$ 与 $y = x\mathrm{e}^{rx}$ 线性无关，因此微分方程（7-3）的通解为

$$y = C_1 \mathrm{e}^{rx} + C_2 x \mathrm{e}^{rx} = (C_1 + C_2 x) \mathrm{e}^{rx}.$$

3. 当 $p^2 - 4q < 0$ 时，特征方程（7-4）有一对共轭复根 $r_{1,2} = \alpha \pm i\beta$（其中 α，β 均为实常数且 $\beta \neq 0$）．可以验证，$y = \mathrm{e}^{\alpha x} \cos \beta x$ 与 $y = \mathrm{e}^{\alpha x} \sin \beta x$ 是微分方程（7-3）的两个线性无关的解，因此微分方程（7-3）的通解为

$$y = \mathrm{e}^{\alpha x}(C_1 \cos \beta x + C_2 \sin \beta x).$$

综上所述，求二阶常系数齐次线性微分方程

$$y'' + py' + qy = 0$$

的通解的步骤为：

第一步，写出微分方程的特征方程 $r^2 + pr + q = 0$；

第二步，求出特征根；

第三步，由特征根的具体情况写出微分方程的通解．

例 1 求方程 $y'' - 4y' + 3y = 0$ 的通解．

解 方程 $y'' - 4y' + 3y = 0$ 的特征方程为

$$r^2 - 4r + 3 = 0,$$

其特征根为 $r_1 = 1$，$r_2 = 3$，

所以方程的通解为 $y = C_1 \mathrm{e}^x + C_2 \mathrm{e}^{3x}$.

例 2 求方程 $y'' + 2y' + y = 0$ 满足初始条件 $x = 0$ 时 $y = 0$，$y' = 1$ 的特解．

解 方程 $y'' + 2y' + y = 0$ 的特征方程为

$$r^2 + 2r + 1 = 0,$$

其特征根为 $r_{1,2} = -1$，

所以方程的通解为 $y = (C_1 + C_2 x) \mathrm{e}^{-x}$.

由初始条件 $x = 0$ 时 $y = 0$，得 $C_1 = 0$，

又因为 $y' = -C_1 \mathrm{e}^{-x} + C_2 \mathrm{e}^{-x} - C_2 x \mathrm{e}^{-x}$，由 $x = 0$ 时 $y' = 1$，得 $C_2 = 1$，

所求特解为 $y = x \mathrm{e}^{-x}$.

例 3 求方程 $y'' + 6y' + 13y = 0$ 的通解．

解 方程 $y'' + 6y' + 13y = 0$ 的特征方程为

$$r^2 + 6r + 13 = 0,$$

其特征根为 $r_{1,2} = -3 \pm 2i$，

所以方程的通解为 $y = \mathrm{e}^{-3x}(C_1 \cos 2x + C_2 \sin 2x).$

三、二阶常系数非齐次线性微分方程的解法

二阶常系数非齐次线性微分方程的一般形式为

$$y'' + py' + qy = f(x) \tag{7-5}$$

其中 p，q 均为常数．

由非齐次线性方程解的结构定理知，求非齐次方程的通解，可先求出其对应的齐次方程的通解 Y，再设法求出非齐次方程的一个特解 y^*，二者之和就是方程（7-5）的通解．前

面求齐次方程的通解已经解决，下面给出两种常见 $f(x)$ 形式下的特解结论．

1. 如果 $f(x) = P_m(x) \mathrm{e}^{\lambda x}$，则方程 $y'' + py' + qy = f(x)$ 的特解可设为
$$y^* = x^k Q_m(x) \mathrm{e}^{\lambda x}.$$

其中 $Q_m(x)$ 是与 $P_m(x)$ 同次（m 次）的待定多项式．根据 λ 不是特征方程的根，是特征方程的单根，或是特征方程的重根三种情况，k 分别取 0，1，2．

例 4 求方程 $2y'' + y' - y = 4\mathrm{e}^x$ 的一个特解．

解 因为方程 $2y'' + y' - y = 4\mathrm{e}^x$ 中的 $f(x) = 4\mathrm{e}^x$，所以 $\lambda = 1$，它不是特征方程 $2r^2 + r - 1 = 0$ 的根，可设 $y^* = A\mathrm{e}^x$ 为方程的一个特解，代入方程，得
$$2A + A - A = 4 \quad \text{解得 } A = 2,$$

所以，$y^* = 2\mathrm{e}^x$ 为所求特解．

例 5 求方程 $y'' + 6y' + 9y = 5x\mathrm{e}^{-3x}$ 的通解．

解 方程 $y'' + 6y' + 9y = 5x\mathrm{e}^{-3x}$ 所对应的齐次方程为
$$y'' + 6y' + 9y = 0,$$
其特征方程为
$$r^2 + 6r + 9 = 0,$$
特征根为
$$r_{1,2} = -3,$$
所以对应齐次方程的通解为
$$Y = (C_1 + C_2 x)\mathrm{e}^{-3x}.$$

又因为非齐次方程中 $f(x) = 5x\mathrm{e}^{-3x}$，所以 $\lambda = -3$，验证可知它是特征方程的重根，可设 $y^* = x^2(Ax + B)\mathrm{e}^{-3x}$ 为方程的一个特解，

因
$$y^{*\prime} = \mathrm{e}^{-3x}[-3Ax^3 + (3A - 3B)x^2 + 2Bx],$$
$$y^{*\prime\prime} = \mathrm{e}^{-3x}[9Ax^3 + (-18A + 9B)x^2 + (6A - 12B)x + 2B],$$

将 $y^{*\prime\prime}$，$y^{*\prime}$，y^* 代入非齐次方程并整理，得
$$6Ax + 2B = 5x,$$

比较两端同次幂的系数，得 $A = \dfrac{5}{6}$，$B = 0$，

即
$$y^* = \frac{5}{6}x^3 \mathrm{e}^{-3x}.$$

所以方程的通解为
$$y = \mathrm{e}^{-3x}\left(C_1 + C_2 x + \frac{5}{6}x^3\right).$$

2. 如果 $f(x) = \mathrm{e}^{\alpha x}[P_l(x)\cos\beta x + P_n(x)\sin\beta x]$，则方程 $y'' + py' + qy = f(x)$ 的特解可设为
$$y^* = x^k \mathrm{e}^{\alpha x}[R_m^{(1)}(x)\cos\beta x + R_m^{(2)}(x)\sin\beta x].$$

其中 $R_m^{(1)}(x)$，$R_m^{(2)}(x)$ 是同次（m 次）多项式，设 $P_l(x)$ 和 $P_n(x)$ 较高次为 m 次，根据 $\alpha \pm i\beta$ 不是特征方程的根，或是根，k 分别取 0，1．

例 6 求方程 $y'' + 3y' + 2y = \mathrm{e}^{-x}\cos x$ 的一个特解．

解 由于方程 $y'' + 3y' + 2y = \mathrm{e}^{-x}\cos x$ 的 $f(x) = \mathrm{e}^{-x}\cos x$，所以 $\alpha = -1$，$\beta = 1$，而 $-1 \pm i$ 不是特征方程 $r^2 + 3r + 2 = 0$ 的根，故 $k = 0$．

可设 $y^* = \mathrm{e}^{-x}(A\cos x + B\sin x)$ 为方程的一个特解，

因
$$y^{*\prime} = \mathrm{e}^{-x}[(-A + B)\cos x + (-A - B)\sin x],$$
$$y^{*\prime\prime} = \mathrm{e}^{-x}[-2B\cos x + 2A\sin x],$$

将 $y^{*''}$, $y^{*'}$, y^* 代入非齐次方程并整理，得，
$$(-A+B)\cos x + (-A-B)\sin x = \cos x,$$
即 $-A+B=1$，$-A-B=0$ 得 $A=-\dfrac{1}{2}$，$B=\dfrac{1}{2}$，

所以 $y^* = e^{-x}\left(-\dfrac{1}{2}\cos x + \dfrac{1}{2}\sin x\right)$ 为所求特解.

例 7 求 $y'' + 4y = x\cos x$ 的通解.

解 先求对应齐次方程 $y'' + 4y = 0$ 的通解，
特征方程为 $r^2 + 4 = 0$，其特征根为 $r_{1,2} = \pm 2i$，
所以齐次方程的通解为 $Y = C_1\cos 2x + C_2\sin 2x$.
由于方程 $y'' + 4y = x\cos x$ 的 $f(x) = x\cos x$，所以 $\alpha = 0$，$\beta = 1$，而 $\pm i$ 不是特征方程的根，所以 $k = 0$.
可设 $y^* = (Ax + B)\cos x + (Cx + D)\sin x$ 为方程的一个特解，
因
$$y^{*'} = (Cx + A + D)\cos x + (-Ax - B + C)\sin x,$$
$$y^{*''} = (-Ax - B + 2C)\cos x + (-Cx - 2A - D)\sin x,$$
将 $y^{*''}$, $y^{*'}$, y^* 代入非齐次方程并整理，得，
$$(3Ax + 3B + 2C)\cos x + (3Cx - 2A + 3D)\sin x = x\cos x,$$
即 $3Ax + 3B + 2C = x$，$3Cx - 2A + 3D = 0$，

解得 $A = \dfrac{1}{3}$，$B = 0$，$C = 0$，$D = \dfrac{2}{9}$，

所以
$$y^* = \dfrac{1}{3}x\cos x + \dfrac{2}{9}\sin x.$$

所求方程的通解为
$$y = C_1\cos 2x + C_2\sin 2x + \dfrac{1}{3}x\cos x + \dfrac{2}{9}\sin x.$$

习题 7-4

1. 求下列微分方程的通解.
   (1) $y'' - 4y = 0$；
   (2) $y'' - 4y' = 0$；
   (3) $y'' + 4y = 0$；
   (4) $y'' - 4y' - 12y = 0$；
   (5) $y'' - 2y' - 8y = 0$；
   (6) $y'' - 6y' + 9y = 0$；
   (7) $4y'' + 4y' + y = 0$；
   (8) $y'' - 12y' + 36y = 0$；
   (9) $y'' + 2y' + 3y = 0$；
   (10) $4y'' - 8y' + 5y = 0$.

2. 求下列微分方程满足初始条件的特解.
   (1) $y'' - 4y' + 3y = 0, y|_{x=0} = 6, y'|_{x=0} = 10$；
   (2) $y'' + 2y' + 3y = 0, y|_{x=0} = 1, y'|_{x=0} = 1$；
   (3) $y'' - 2y' + y = 0, y|_{x=2} = 1, y'|_{x=2} = -2$；
   (4) $y'' + 4y = 0, y(0) = 2, y'(0) = 6$.

3. 写出下列微分方程的特解形式.
   (1) $y'' + 5y' + 4y = 2x^2 + 1$；
   (2) $y'' - 4y = xe^{2x}$；

(3) $y'' - 4y' + 3y = (2x-1)e^x$； (4) $y'' + 3y = (x+1)\sin\sqrt{3}x$；
(5) $y'' + 3y' + 2y = 2\cos x$； (6) $3y'' - 8y = x^3$.

4. 求以 $y_1 = 1$，$y_2 = x$ 为特解的二阶线性常系数齐次微分方程.

5. 已知 $y_1 = e^{-x}\cos 2x$，$y_2 = e^{-x}\sin 2x$ 是二阶线性常系数齐次微分方程的两个特解，求相应的微分方程.

第七章 复习题

1. 选择题

(1) 微分方程 $(1-x)y - xy' = 0$ 的通解（　　）.

A. $y = Cxe^{-x}$
B. $y = C\sqrt{1-x^2}$
C. $y = \dfrac{C}{\sqrt{1-x^2}}$
D. $y = -\dfrac{1}{2}x^3 + Cx$

(2) 微分方程 $y'' + y = 0$ 满足初始条件 $y\left(\dfrac{\pi}{2}\right) = 3$，$y'\left(\dfrac{\pi}{2}\right) = 4$ 的特解是（　　）.

A. $y = 4\sin x - 3\cos x$
B. $y = 4\cos x - 3\sin x$
C. $y = 3\sin x - 4\cos x$
D. $y = -3\sin x - 4\cos x$

(3) 微分方程 $y'' + 2y' + y = e^{-x}$ 的一个特解具有形式（　　）.

A. $y = ae^{-x}$
B. $y = axe^{-x}$
C. $y = (ax+b)e^{-x}$
D. $y = ax^2 e^{-x}$.

(4) 微分方程 $y'' + 2y' + 5y = \sin 2x$ 的一个特解具有形式（　　）.

A. $y = a\sin 2x$
B. $y = x(a\sin 2x)$
C. $y = a\sin 2x + b\cos 2x$
D. $y = x(a\sin 2x + b\cos 2x)$

(5) 若函数 $y^* = -\dfrac{1}{4}x\cos 2x$ 是微分方程 $y'' + 4y = \sin 2x$ 的一个特解，则该方程的通解是（　　）.

A. $y = (C_1 + C_2 x)e^{-2x} - \dfrac{1}{4}x\cos 2x$
B. $y = (C_1 + C_2 x)e^{2x} - \dfrac{1}{4}x\cos 2x$
C. $y = C_1 e^{-2x} + C_2 e^{2x} - \dfrac{1}{4}x\cos 2x$
D. $y = C_1 \sin 2x + C_2 \cos 2x - \dfrac{1}{4}x\cos 2x$

2. 填空题

(1) 微分方程 $y' = 2xy^2$ 满足初始条件 $y(0) = -1$ 的特解是_____.

(2) 有一条过原点的曲线在其任意点 (x, y) 处的切线斜率为 $3x$，则该曲线方程是_____.

(3) 微分方程 $y'' + 3y' - 4y = 0$ 的通解是_____.

3. 解微分方程.

(1) $y' + y = \cos x$；
(2) $y' - \dfrac{2}{1+x}y = (1+x)^3$，$y(0) = 1$；
(3) $y'' + 4y' + 3y = 2\sin x$；
(4) $y'' - 8y' + 16y = x + e^{4x}$.

4. 有一汽艇以 10 km/h 的速度在静水中行驶时关闭了发动机,经过 20 s 后,汽艇的速度减至 6 km/h. 已知汽艇在静水中行进时受到水的阻力与速度成正比. 试确定发动机停止后汽艇的速度随时间变化的规律.

数学家故事

欧拉(Leonhard Euler)

欧拉(Euler, 1707—1783),瑞士数学家及自然科学家,1707 年 4 月 15 日出生于瑞士的巴塞尔,1783 年 9 月 18 日于俄国的彼得堡去世. 欧拉出生于牧师家庭,自幼受到父亲的教育,13 岁时入读巴塞尔大学,15 岁大学毕业,16 岁获得硕士学位.

欧拉的父亲希望他学习神学,但他最感兴趣的是数学. 在上大学时,他已受到伯努利的特别指导,专心研究数学,直至 18 岁,他彻底放弃当牧师的想法而专攻数学,19 岁时(1726 年)开始创作文章,并获得巴黎科学院奖金. 1727 年,在伯努利的推荐下,欧拉到俄国的彼得堡科学院从事研究工作;并在 1731 年接替伯努利,成为物理学教授.

在俄国的 4 年中,他努力不懈地投入研究,在分析学、数论及力学方面均有出色的表现. 此外,欧拉还应俄国政府的要求,解决了不少如地图学、造船业等的实际问题. 1735 年,他因工作过度以致右眼失明. 在 1741 年,他受到普鲁士腓特烈大帝的邀请到德国科学院担任物理数学所所长一职. 他在柏林期间,大大地扩展了研究的内容,如行星运动、刚体运动、热力学、弹道学、人口学等,这些工作与他的数学研究互相推动着. 与此同时,他在微分方程、曲面微分几何及其他数学领域均有开创性的发现.

1766 年,他应俄国沙皇喀德林二世敦聘重回彼得堡. 1771 年,一场重病使他的左眼亦完全失明. 但他以惊人的记忆力和心算技巧继续从事科学创作. 他通过与助手们的讨论以及直接口授等方式完成了大量的科学著作,直至生命的最后一刻.

欧拉是 18 世纪数学界最杰出的人物之一,他不但为数学界做出了贡献,更把数学推至几乎整个物理的领域. 此外,他是数学史上最多产的数学家,写了大量的力学、分析学、几何学、变分法的论文,《无穷小分析引论》(1748),《微分学原理》(1755),以及《积分学原理》(1768—1770)等都是数学中的经典著作.

欧拉最大的功绩是扩展了微积分的领域,为微分几何及分析学的一些重要分支(如无穷级数、微分方程等)的产生与发展奠定了基础.

欧拉把无穷级数由一般的运算工具转变为一个重要的研究科目. 他计算出 ξ 函数在偶数点的值. 他证明了 $a2k$ 是有理数,而且可以用伯努利数来表示. 此外,他对调和级数亦有所研究,并相当精确地计算出欧拉常数 γ 的值,其值近似为 0.577 215 664 901 532 860 606 512 09…

在 18 世纪中叶,欧拉和其他数学家在解决物理问题的过程中,创立了微分方程学. 当时,在常微分方程方面,他完整地解决了 n 阶常系数线性齐次方程的问题,对于非齐次方程,他提出了一种降低方程阶的解法;而在偏微分方程方面,欧拉通过二维物体振动,归结出了一、二、三维波动方程的解法. 欧拉所写的《方程的积分法研究》更是偏微分方程在纯数学研究中的第一篇论文.

在微分几何方面(微分几何是研究曲线、曲面逐点变化性质的数学分支),欧拉引入了空间曲线的参数方程，给出了空间曲线曲率半径的解析表达方式. 1766 年，他出版了《关于曲面上曲线的研究》，这是欧拉对微分几何最重要的贡献，更是微分几何发展史上的一个里程碑. 他将曲面表示为 $z=f(x,y)$，并引入一系列标准符号以表示 z 对 x，y 的偏导数，这些符号至今仍通用. 此外，在该著作中，他亦得到了曲面在任意截面上截线的曲率公式.

在代数学方面，他发现了每个实系数多项式必可分解为一次或二次因子之积. 欧拉还给出了费马小定理的三个证明，并引入了数论中重要的欧拉函数 $\varphi(n)$，他研究数论的一系列成果奠定了数论成为数学中的一个独立分支的基础. 欧拉又用解析方法讨论数论问题，发现了 ξ 函数所满足的函数方程，并引入了欧拉乘积，还解决了著名的柯尼斯堡七桥问题.

欧拉在分析学上的贡献不胜枚举，如他引入了 G 函数和 B 函数，证明了椭圆积分的加法定理，以及最早引入了二重积分等等.

欧拉对数学的研究如此广泛，因此在许多数学分支中可经常见到以他的名字命名的重要常数、公式和定理.

学习评价

姓名		学号		班级	
第七章			微分方程及其应用		
	知识点		已掌握内容		需进一步学习内容
知识点 1	微分方程的基本概念				
知识点 2	一阶微分方程				
知识点 3	可降阶的高阶微分方程				
知识点 4	二阶常系数线性微分方程				

习题参考答案

习题 1-1

1. $28°18'54.9936''$. 2. $43.41166667°$.

习题 1-2

1. 0,0,6,$\sqrt{x^4-x^2-6}$,$\sqrt{x^2+x-6}$. 2. $\dfrac{x}{\sqrt{1+2x^2}}$. 3. 45.

4. 0,0,2,$\dfrac{5}{4}$,-1,-3. 5. $f(x^2)=x^4+x^2+1$

习题 1-3

1. (1) $(-\infty,-2]\cup[2,+\infty)$; (2) $[-2,-1)\cup(-1,1)\cup(1,+\infty)$;

(3) $(-\infty,0)\cup(1,+\infty)$; (4) $(-\infty,+\infty)$;

(5) $(-\infty,1)\cup(1,2)\cup(2,3)\cup(3,+\infty)$; (6) $[1,4]$;

(7) $[-1,2]$ (8) $[-3,-2]\cup[3,4]$.

2. (1) $y=u^2$,$u=\sin x$; (2) $y=\ln u$,$u=v^2$,$v=\sin x$;

(3) $y=\sqrt{u}$,$u=v^3$,$v=\sin w$,$w=3x-1$; (4) $y=\ln u$,$u=x+\sqrt{1+x^2}$;

(5) $y=e^u$,$u=x^2$; (6) $y=\ln u$,$u=\sin v$,$v=\sqrt{w}$,$w=1+x^2$.

3. $y=\left(\dfrac{1+x}{1-x}\right)^{\frac{3}{2}}$.

4. $y=\sin(2+\ln^2 x)$.

5. (1) 非奇非偶函数; (2) 奇函数; (3) 非奇非偶函数; (4) 偶函数;

(5) 非奇非偶函数; (6) 偶函数; (7) 奇函数; (8) 奇函数.

6. (1) $y=\sqrt[3]{x-3}$; (2) $y=\dfrac{2x+2}{x-1}$; (3) $y=1-\sqrt[3]{x}$;

(4) $y=\arccos x+1$; (5) $y=\arcsin(x-1)$; (6) $y=\dfrac{10^{x-2}+1}{2}$;

(7) $y=\dfrac{1}{\ln x}$; (8) $y=\log_a(x-5)+3$.

习题 1-4

1. (1) 否; (2) 否; (3) 否; (4) 是; (5) 否.

2. 小于.

3. B.

4. 4.

5. (1) $\log_{0.3}0.7<\log_{0.4}0.3$; (2) $\log_{3.4}0.7<\log_{0.6}0.8$.

习题 1-5

1. $-\dfrac{7}{13}$.   2. 三.   3. 3.

习题 1-6

1. $Q = 10\,000 - 10P$.

2. $R(Q) = \begin{cases} 120Q & 0 < Q \leq 700 \\ 84\,000 + 108(Q-700) & 700 < Q \leq 1\,000 \end{cases}$

3. $R(Q) = 280Q - 2Q^2$.

4. 240.

5. $L(Q) = 5Q - \dfrac{Q^2}{100} - 200$.

6. （1）$C(Q) = 1\,000 + 5Q$；   （2）$R(Q) = 16.25Q - 0.012\,5Q^2$；
   （3）$L(Q) = 11.25Q - 0.012\,5Q^2 - 1\,000$.

第一章 复习题

1. （1）$\{x \mid -2 \leq x \leq 2 \text{ 且 } x \neq 1\}$；   （2）$\{x \mid 2 \leq x \leq 4\}$；
   （3）$\{x \mid x \neq 2, x \neq 1\}$；   （4）$\{x \mid -2 \leq x < 1\}$.

2. （1）$[0, 3)$；   （2）$(-\infty, +\infty)$.

3. $x(x+1)$

4. $3 + 4x$.

5. $f(-4) = -3$
   $f(2) = 1$
   $f(2-x) = \begin{cases} 3-x, & x > 3 \\ 1, & x \leq 3 \end{cases}$

6. $f[\varphi(x)] = (\lg x)^2$； $f[f(x)] = x^4$；
   $\varphi[f(x)] = \lg x^2$； $\varphi[\varphi(x)] = \lg\lg x$.

7. 20 000 元.

8. 1, 54.

9. 849.5, 421.12.

10. $y = \begin{cases} 0.64x & 0 \leq x \leq 4.5 \\ 2.88 + 3.2(x-4.5) & x > 4.5 \end{cases}$；2.24 元, 2.88 元, 6.08 元, 17.28 元.

11. 400 kg, 100 kg, 21.6 元.

12. $N = N_0 \mathrm{e}^{0.058\,8t}$, 3 242 亿元.

习题 2-1

（1）$\lim\limits_{x \to x^+} f(x) = 1, \lim\limits_{x \to x^-} f(x) = -1$；   （2）$\lim\limits_{x \to 0} f(x) = 1$；

（3）$\lim\limits_{x \to x^+} f(x) = 0, \lim\limits_{x \to x^-} f(x) = 1$；   （4）$\lim\limits_{x \to 0} f(x) = 1$.

习题 2-2

1. （1）$-\dfrac{3}{5}$；   （2）1；   （3）$\dfrac{3}{2}$；   （4）$\dfrac{2}{3}$；

(5) $\dfrac{m}{3}$; (6) $-\dfrac{\sqrt{2}}{2}$; (7) $\dfrac{1}{2}$; (8) 0.

2. (1) $\dfrac{10}{3}$; (2) $\dfrac{3}{2}$; (3) 2; (4) 2.

习题 2-3

1. (1) 2; (2) 1; (3) $\dfrac{1}{2}$; (4) 8;

(5) $-\sqrt{2}$; (6) 4; (7) e^2; (8) e^{-3};

(9) -1; (10) $\dfrac{1}{x}$; (11) e^{-1}; (12) 1.

2. $\ln 2$.

习题 2-4

1. (1) $f(x)$ 在 $(-\infty,-1)$ 及 $(-1,+\infty)$ 上连续, $x=-1$ 为间断点;

(2) $f(x)$ 在 $x=0$ 处连续, 即 $f(x)$ 在 $(-\infty,+\infty)$ 上连续.

2. (1) $x=1$, $x=2$ 是间断点;

(2) $x=0$ 是间断点;

(3) $x=-1$, $x=0$, $x=1$ 是间断点;

(4) $x=1$ 是间断点.

3. $f(x)$ 在 $(-\infty,-3)\cup(-3,2)\cup(2,+\infty)$ 内连续, $\dfrac{1}{2}$, ∞.

4. 函数在 $x=1$ 处极限存在的条件为 $b=\dfrac{1}{2}$, 连续的条件为 $a=\dfrac{1}{2}$.

5. (1) $\sqrt{2}$; (2) $\sin 2$; (3) 0; (4) 2.

6. 略.

第二章 复习题

1. (1) $f(x)=A+\alpha(x)$ $\alpha(x)\to 0$; (2) $f(x_0)$; (3) $m=\dfrac{1}{2}$, $n=2$; (4) 5;

(5) $x=\pm 1$; (6) $m=\dfrac{4}{9}$; (7) $\dfrac{1}{4}$; (8) 0; (9) $\dfrac{1}{2}$; (10) $x=0$.

2. BADCD CCCDA.

3. (1) $\dfrac{3}{2}$; (2) $0(n>m), 1(n=m), \infty(n<m)$; (3) $\dfrac{\alpha^2}{2}$; (4) $\dfrac{1}{2}$.

4. (1) $-\dfrac{1}{2}$; (2) $-\dfrac{3}{4}$; (3) $\dfrac{5}{3}$; (4) 2; (5) e^{-4}; (6) e^2;

(7) -2; (8) 2; (9) $\dfrac{1}{\ln a}$; (10) 2; (11) 1; (12) $\dfrac{a}{2}$;

(13) $-\dfrac{1}{64}$; (14) -1; (15) 0; (16) $\dfrac{2}{3}$; (17) $\pi/2$; (18) e^2;

(19) 1; (20) -1.

5. (1) α; (2) 1; (3) $\dfrac{1}{2e}$.

习题参考答案

6. $x=-1$，$x=2$ 连续；$x=1$，$x=\frac{1}{2}$ 不连续．

7. $x=1$，$x=0$ 不连续．

8. 略．

习题 3-1

1. （1）1.5 m/s；　　　　　　　　（2）6.4 m/s，-3.4 m/s.

2. 略．

3. （1）$x+y-2=0$，$x-y=0$；　　（2）$x-y=1$，$x+y-1=0$.

4. $y=\mathrm{e}x$.

5. （1）连续不可导；　　　　　　（2）连续不可导；

   （3）不连续；　　　　　　　　（4）连续可导．

6. 2，-1.

7. （1）$f'(x_0)$；　　　　　　　　（2）$(\alpha+\beta)f'(x_0)$；

习题 3-2

1. （1）$2\cos x-\frac{1}{x}+\frac{3}{2}\frac{1}{\sqrt{x}}$；　　（2）$\frac{1}{2}+\frac{2}{x^2}$；

   （3）$x(2\cos x-x\sin x)$；　　（4）$\frac{2}{(x+1)^2}$；

   （5）$ax^{a-1}+a^x\ln a$；　　　（6）$abx^{b-1}(1+bx^a)+abx^{a-1}(1+ax^b)$；

   （7）$-\frac{x\sin x+2\cos x}{x^3}$；　（8）$\frac{2x}{(x^2+1)^2}$；

   （9）$(\cos x+\sin x\ln 10)10^x$；　（10）$-\frac{1+2x}{(1+x+x^2)^2}$；

   （11）$\mathrm{e}^x\left(\sin x\lg x+\cos x\lg x+\sin x\frac{1}{x\ln 10}\right)$；

   （12）$\frac{(\sin x+x\cos x)(1+\tan x)-x\sin x\sec^2 x}{(1+\tan x)^2}$.

2. （1）$2^x(\ln 2)^2+2$；　（2）$-2\sin x-x\cos x$；　（3）$2\sec^2 x\tan x$.

3. $\mathrm{e}^x(x+n)$.

习题 3-3

1. （1）$20(4x+1)^4$；　（2）$x(1-x^2)^{-\frac{3}{2}}$；　（3）$3x\cos(x^3)$；

   （4）$2\sec^2 x\tan x$；　（5）$\frac{\sqrt{1-t^2}}{(1+t)(1-t)^2}$；　（6）$\frac{\cos x}{2\sqrt{1+\sin x}}$；

   （7）$\frac{x\cos\sqrt{1+x^2}}{\sqrt{1+x^2}}$；　（8）$\frac{1}{x\ln x\ln\ln x}$；　（9）$\mathrm{e}^{\mathrm{e}^x}\mathrm{e}^x$；

   （10）$\frac{\ln 2(\ln x-1)}{(\ln x)^2}\cdot 2^{\frac{x}{\ln x}}$；　（11）$\frac{2\arcsin x}{\sqrt{1-x^2}}$；　（12）$-\frac{1}{1+x^2}$；

   （13）$-\frac{2}{\sqrt{1-4x^2}\arccos 2x}$；　（14）$\frac{\sec^2\frac{x}{2}}{4\sqrt{\tan\frac{x}{2}}}$.

2. (1) $-\sqrt{\dfrac{\pi}{6}}$; (2) 0; (3) $-\dfrac{1}{15}$.

3. (1) $2xf(x^2)$; (2) $f'(e^{-x}+\sin x)\cdot(\cos x - e^{-x})$;

(3) $\sin 2x[f'(\sin 2x)-f'(\cos 2x)]$;

(4) $f'(\ln x)\dfrac{\ln f(x)}{x}+f(\ln x)\cdot\dfrac{f'(x)}{f(x)}$.

4. (1) $1-\dfrac{\sqrt{a}}{\sqrt{x}}$; (2) $\dfrac{ay-x^2}{y^2-ax}$; (3) $\dfrac{1+y^2}{2+y^2}$; (4) $\dfrac{x+y}{x-y}$.

5. (1) $e(e-1)$; (2) $\dfrac{1}{3}$.

6. (1) $\left(\dfrac{x}{1+x}\right)^x\left(\ln\dfrac{x}{1+x}+\dfrac{1}{1+x}\right)$;

(2) $-\dfrac{1}{2}(\tan 2x)^{\cot\frac{x}{2}}\left(\csc^2\dfrac{x}{2}\ln\tan 2x-8\cot\dfrac{x}{2}\csc 4x\right)$.

习题 3-4

1. (1) $(3x^2-6x+3)dx$; (2) $(2-2\cos 2x)dx$;

(3) $\left(-\dfrac{a}{x^2}-\dfrac{a}{x^2+a^2}\right)dx$; (4) $(\ln x+1)dx$;

(5) $[\sin(3-x)-\cos(3-x)]e^{-x}dx$; (6) $-\dfrac{2x}{1+x^4}dx$;

(7) $2xe^{\sin x^2}\cos x^2 dx$; (8) $\dfrac{2\ln 5}{\sin 2x}\cdot 5^{\ln\tan x}dx$.

2. (1) $\dfrac{2x-y-8}{1+x}dx$; (2) $-\csc^2(x+y)dx$.

3. (1) $2x$; (2) $\dfrac{3}{2}x^2$; (3) $2\sqrt{x}$;

(4) $\ln(1+x)$; (5) $\tan x$; (6) $\arctan x$.

4. (1) $\dfrac{3b}{2a}t$; (2) $\dfrac{\sin t}{1-\cos t}$; (3) $\dfrac{\cos\theta-\theta\sin\theta}{1-\sin\theta-\theta\cos\theta}$; (4) $\dfrac{3}{2}e$.

第三章 复习题

1. (1) $y-y_0=f'(x_0)(x-x_0)$; (2) 99.2; (3) $\dfrac{1}{2-\cos y}dx$;

(4) 0; (5) $\dfrac{1}{x}$; (6) $\dfrac{2\sqrt{x}+1}{4\sqrt{x^2+x^{\frac{3}{2}}}}$; (7) $\dfrac{e^y}{1-xe^y}$;

(8) $3\sec^2 3x dx$; (9) 1; (10) $2f'(x_0)$.

2. ABCCB BCCBA CB.

3. (1) $-\tan x+\dfrac{e^x}{x}\left(1-\dfrac{1}{x}\right)$; (2) $\dfrac{1}{\sqrt{1-4x^2}}$; (3) $\left(2-\dfrac{1}{2}t^{-\frac{3}{2}}+t^{-2}\right)$;

(4) $\dfrac{\sqrt[3]{\dfrac{(x+1)(x+2)}{(x+3)(x+4)}}}{3}\left(\dfrac{1}{x+1}+\dfrac{1}{x+2}-\dfrac{1}{x+3}-\dfrac{1}{x+4}\right)$; (5) $\dfrac{xy\ln y-y^2}{xy\ln x-x^2}$.

4. (1) $\dfrac{2\ln(1-x)}{x-1}\mathrm{d}x$; (2) $\dfrac{y}{y-1}\mathrm{d}x$; (3) $2x\sin 2x^2\mathrm{d}x$; (4) $\dfrac{9x^2}{(x^3+1)^2}\mathrm{d}x$.

(5) $\dfrac{2x\ln x - x}{\ln^2 x}\mathrm{d}x$.

5. 12 m/s;

6. 切线方程：$x-2y+1=0$；法线方程：$2x+y-3=0$.

7. $2\cos 2 - 4\sin 2$.

8. 0.985.

9. 连续但不可导.

习题 4-1

略.

习题 4-2

(1) 1; (2) $\dfrac{1}{\mathrm{e}}$; (3) $\dfrac{m}{n}a^{m-n}$; (4) $\dfrac{1}{4}$; (5) 0; (6) 1; (7) 0; (8) 0;

(9) $a^a(\ln a - 1)$; (10) $\dfrac{1}{2}$; (11) $\dfrac{1}{2}$; (12) $\dfrac{1}{6}$; (13) ∞; (14) 0; (15) 0;

(16) $\mathrm{e}^{-\frac{1}{6}}$; (17) $\sqrt{6}$; (18) 1; (19) e; (20) e^{-1}.

习题 4-3

1. (1) 单调增区间$(-\infty,-1),(3,+\infty)$，单调减区间$(-1,3)$；

(2) 单调减区间$\left(0,\dfrac{1}{2}\right)$，单调增区间$\left(\dfrac{1}{2},+\infty\right)$；

(3) 单调减区间$(-\infty,+\infty)$；

(4) 单调减区间$(-\infty,-1)$，单调增区间$(1,+\infty)$.

2. (1) 极大值7，极小值3； (2) 无极值； (3) 极小值0，极大值-4；

(4) 极大值$\dfrac{3}{2}$，极小值$-\dfrac{3}{2}$； (5) 极大值1； (6) 极大值$\dfrac{1}{\mathrm{e}}$，极小值0.

3. (1) 最大值13，最小值4；

(2) 最大值80，最小值-5；

(3) 最大值1.25，最小值$-5+\sqrt{6}$.

4. (1) 拐点$\left(\dfrac{5}{3},\dfrac{20}{27}\right)$；$\left(-\infty,\dfrac{5}{3}\right)$凸，$\left(\dfrac{5}{3},+\infty\right)$凹；

(2) 拐点$(-1,\ln 2)$，$(1,\ln 2)$；$(-\infty,-1)$，$(1,+\infty)$凸，$(-1,1)$凹；

(3) 拐点$(0,0)$；$(-\infty,-1)$，$(0,1)$凸，$(-1,0)$，$(1,+\infty)$凹；

(4) 拐点$(-2,-4)$，$(0,0)$；$(-2,0)$凸，$(-\infty,-2)$，$(0,+\infty)$凹.

习题 4-4

1. (1) $p(x)=20-\dfrac{x}{2}$； (2) 14.

2. (1) $p(x)=5\,500-x$； (2) 2 750 台； (3) 1 000 元.

3. 250.

4. 6.5.

第四章 复习题

1. （1） $\dfrac{f(b)-f(a)}{b-a}$；（2）单调递增，单调递减，恒为常数；（3）递减；

（4）$\ln 5$, 0；（5）$\left(\dfrac{1}{3},-\dfrac{4}{27}\right)$；（6）$(-\infty,0),(0,+\infty)$；（7）2；（8）$-\dfrac{1}{\ln 2}$.

2. CDCBB DCABC.

3. （1）-1； （2）$\dfrac{1}{e}$； （3）$\dfrac{m}{n}a^{m-n}$； （4）$\dfrac{1}{4}$； （5）0；

（6）$\dfrac{1}{2}$； （7）-1； （8）$\dfrac{1}{2}$； （9）∞； （10）1.

4. （1）单调递减区间$(-\infty,0)$，单调递增区间$(0,+\infty)$，极小值 $y\big|_{x=0}=1$；

（2）单调递减区间 $\left(0,\dfrac{1}{2}\right)$，单调递增区间 $\left(\dfrac{1}{2},+\infty\right)$，极小值 $y\big|_{x=\frac{1}{2}}=\dfrac{1}{2}+\ln 2$；

（3）单调递减区间$(-1,3)$，单调递增区间$(3,+\infty),(-\infty,-1)$，极小值 $y\big|_{x=3}=-13$，极大值 $y\big|_{x=-1}=19$；

（4）单调递减区间$(-\infty,+\infty)$，无极值.

5. $(0,1)$，$\left(\dfrac{2}{3},\dfrac{11}{27}\right)$.

6. $h=2r$.

7. （1）收益函数：$R=pae^{-bp}$，边际收益函数：$R'=ae^{-bp}(1-bp)$.

（2）需求价格弹性：$\varepsilon=bq$.

8. 15 单位.

9. $C'(Q)=3Q^2-20Q+60, 28$.

习题 5–1

1. （1）x^4；（2）$-\cos x$；（3）e^x；（4）$\sqrt{x}$；（5）$\arctan x$；（6）$\dfrac{x^2}{2}+e^x$.

2. （1）$3x$, $3x+C$； （2）x^3, x^3+C； （3）$\tan x$, $\tan x+C$；

（4）$\arctan x$, $\arctan+C$.

3. （1）$\dfrac{2}{3}x^{\frac{3}{2}}+C$； （2）$-\dfrac{5}{x}+C$； （3）$x+4\ln|x|-\dfrac{4}{x}+C$；

（4）$\dfrac{(3e)^x}{\ln(3e)}+C$； （5）$-\cos\theta+C$； （6）$x-x^3+C$；

（7）$\dfrac{2^x}{\ln 2}+\dfrac{x^3}{3}+C$； （8）$2\ln|x|+\dfrac{x^2}{6}+C$；

（9）$\dfrac{2}{5}x^{\frac{5}{2}}-\dfrac{2}{3}x^{\frac{3}{2}}+C$； （10）$\dfrac{x^3}{3}-\dfrac{3}{2}x^2+4x-\ln|x|+C$；

（11）$-\sin x-\cos x+C$； （12）$-\dfrac{1}{x}-\arctan x+C$； （13）$\dfrac{u}{2}-\dfrac{1}{2}\sin u+C$；

（14）$\dfrac{1}{2}(\arcsin x)^2+C$； （15）$\arcsin(\ln x)+C$； （16）$\arctan f(x)+C$.

4. $y=x^3+1$.

习题 5-2

1. (1) $\ln\dfrac{1}{|1-x|}+C$; (2) $\ln(1+x^2)+C$; (3) $\dfrac{1}{3}(1+2x)^{\frac{3}{2}}+C$;

(4) $\dfrac{1}{3}(1+x^2)^{\frac{3}{2}}+C$; (5) $\dfrac{1}{3}(\ln x)^3+C$; (6) $e^{\sin x}+C$;

(7) $-\ln|\cos x|+C$; (8) $\dfrac{1}{3}\arctan 3x+C$; (9) $\dfrac{1}{5}e^{5x}+C$;

(10) $x-2\ln|2x+3|+C$; (11) $\dfrac{1}{m\cos m\theta}+C$; (12) $\dfrac{1}{3}\sin 3x+C$;

(13) $3\ln|\arctan x|+C$; (14) $x-\ln(1+e^x)+C$;

(15) $\dfrac{1}{3}\sin^3 x+C$; (16) $\ln|\sin 2x|+C$.

2. (1) $2\arctan\sqrt{x}+C$; (2) $2\sqrt{1+x}-2\ln(1+\sqrt{1+x})+C$;

(3) $2\arctan\sqrt{x-1}+C$; (4) $\dfrac{1}{2}\arcsin x+\dfrac{1}{2}x\sqrt{1-x^2}+C$;

(5) $\arcsin x-\sqrt{1-x^2}+C$; (6) $\dfrac{1}{3}\arcsin\dfrac{3}{4}x+C$;

(7) $\pm\sqrt{\dfrac{x^2}{1+x^2}}+C$; (8) $\dfrac{1}{2}x\sqrt{x^2+a^2}-\dfrac{1}{2}a^2\ln(x+\sqrt{x^2+a^2})+C$.

习题 5-3

(1) $(1+x)\sin x+\cos x+C$; (2) $-(1+x)e^{-x}+C$; (3) $\dfrac{1}{4}(2x-1)e^{2x}+C$;

(4) $x\,\text{arccot}\,x+\ln\sqrt{1-x^2}+C$; (5) $\left(\dfrac{x^2}{2}+x\right)\left(\ln x-\dfrac{1}{2}\right)+C$;

(6) $\dfrac{a^x}{(\ln a)^3}[x^2(\ln a)^2-2x\ln a+2]+C$.

习题 5-4

(1) $x+3\ln\left|\dfrac{x-3}{x-2}\right|+C$; (2) $\dfrac{1}{x-2}+\ln\left|\dfrac{x-3}{x-2}\right|+C$;

(3) $\dfrac{1}{2}\ln(x^2+4x+13)-\dfrac{1}{3}\arctan\dfrac{x+2}{3}+C$;

(4) $\dfrac{1}{5}(1+x^2)^2\sqrt{1+x^2}-\dfrac{1}{3}(1+x^2)\sqrt{1+x^2}+C$.

第五章 复习题

1. (1) $-\dfrac{4}{x}+\dfrac{4}{3}x+\dfrac{x^3}{27}+C$; (2) $\dfrac{1}{3}x^3-x+\arctan x+C$; (3) $\dfrac{1}{2}(x+\sin x)+C$;

(4) $-\cot x-x+C$; (5) $-\dfrac{1}{5}\ln|\cos x|+C$; (6) $\dfrac{1}{3}\arcsin\dfrac{3}{2}x+C$;

(7) $\dfrac{\sqrt{2}}{6}\arctan\dfrac{\sqrt{2}}{3}x+C$; (8) $\ln\ln x+C$;

(9) $\dfrac{3}{8}x-\dfrac{1}{4}\sin 2x+\dfrac{1}{32}\sin 4x+C$;

(10) $\arctan e^x + C$;   (11) $2(\sqrt{e^x-1} - \arctan\sqrt{e^x-1}) + C$;

(12) $x - 4\sqrt{x+1} + 4\ln(\sqrt{x+1}+1) + C$;

(13) $\ln\left|\dfrac{\sqrt{1+e^x}-1}{\sqrt{1+e^x}+1}\right| + C$;   (14) $\arcsin e^x + e^x\sqrt{1-e^{2x}} + C$;

(15) $\arctan x + \ln|\cos x| + C$;   (16) $x\arctan x - \dfrac{1}{2}\ln(1+x^2) + C$;

(17) $\dfrac{1}{6}x^3 - \dfrac{1}{4}x\cos 2x + \dfrac{1}{8}\sin 2x - \dfrac{1}{4}x^2\sin 2x + C$;

(18) $\dfrac{x}{2}[\cos(\ln x) + \sin(\ln x)] + C$;   (19) $x\ln^2 x - 2x(\ln x - 1) + C$;

(20) $\dfrac{1}{2}(x^2\arctan x - x + \arctan x) + C$;

(21) $2\sqrt{x}e^{\sqrt{x}} - 2e^{\sqrt{x}} + C$;   (22) $\dfrac{1}{2}(\arcsin x)^2 + C$;

(23) $-e^{-x}\arctan e^x + \ln e^x - \dfrac{1}{2}\ln|1+e^{2x}| + C$;

(24) $-\sqrt{1-x^2}\arcsin x - \sqrt{1-x^2} + C$;

(25) $-2\sqrt{x}\cos\sqrt{x} + 2\sin\sqrt{x} + C$;

2. $s = t^2$.

3. $f(x) = \dfrac{5}{3}x^3$.

4. (1) $f(x) = 3x - 3$;   (2) $f(x) = x^2 + x + 5$;   (3) $s(t) = \dfrac{t^4}{12} + \dfrac{t^2}{2} + t$.

习题 6-1

1. (1) 1;   (2) $\dfrac{3}{2}$.

2. $\int_0^{\frac{\pi}{2}} \sin x \, dx$.

3. (1) 大于;   (2) 大于;   (3) 小于

习题 6-2

1. (1) $x^2\ln x\sqrt{\cos x^3}$;   (2) $\sin x^2(\sqrt{x^3+1} + \ln x)$.

2. (1) 1;   (2) 0;   (3) $\dfrac{1}{2}$;   (4) $-\dfrac{\ln 3}{4}$;   (5) $\dfrac{11}{6}$.

习题 6-3

(1) $\dfrac{1}{6}$;   (2) $\dfrac{3}{16}\pi$;   (3) $7 + 2\ln 2$;   (4) $\dfrac{\pi}{4} + \dfrac{1}{2}$;

(5) $-\dfrac{3}{4}e^{-2} + \dfrac{1}{4}$;   (6) $\dfrac{\pi}{4} - \dfrac{\sqrt{3}}{9}\pi + \dfrac{1}{2}\ln\dfrac{3}{2}$;

(7) $\dfrac{\pi}{8}$;   (8) $\dfrac{e}{2}(\sin 1 - \cos 1) + \dfrac{1}{2}$;   (9) $3\ln 3 - 2$;

(10) $2\ln 2 - 1$; (11) $\frac{1}{4}(e^2 + 1)$; (12) $\frac{1}{2}(e^{\frac{\pi}{2}} - 1)$.

习题 6-4

1. (1) $\frac{1}{3}$; (2) 1; (3) π; (4) $\frac{3}{2}$; (5) 2; (6) π.

2. $K > 1$ 时，广义积分收敛；$K \leq 1$ 时，广义积分发散.

习题 6-5

1. (1) $\frac{2}{3}(2 - \sqrt{2})$; (2) $2\sqrt{2} - 2$.

2. $21\frac{1}{3}$.

3. $\frac{\pi}{4}a^2$.

4. $M\left(\sqrt[4]{12}, \frac{\pi}{12}\right)$;

5. $\frac{1\,000}{\sqrt{3}}$;

6. $\frac{776}{15}\pi$.

第六章 复习题

1. (1) $2\ln 2 - \ln 3$; (2) $2\sqrt{2}$; (3) $\frac{1}{6}$;

(4) $\frac{1}{5}(1 + 2e^\pi)$; (5) $2(1 - 2e^{-1})$; (6) $-\frac{\sqrt{3}}{2} + \ln(2 + \sqrt{3})$.

2. (1) $\frac{1}{3}$; (2) 发散; (3) 发散.

3. (1) $\frac{3}{2} - \ln 2$; (2) 18.

4. $4\ln 2$.

5. $\frac{8}{5}\pi$.

6. $\frac{1}{2}\pi$; $\frac{\pi}{2}(e^2 - 1)$.

7. $\int_0^r 2\pi kr(a^2 - r^2)\mathrm{d}r$.

8. (1) 3 km; (2) $90\,000\pi$.

9. $b = \frac{9 \pm \sqrt{57}}{4}$.

10. $50 - \frac{14\sqrt{2}}{\pi}$.

11. 0.

12. (1) $45\,000 - \dfrac{2\,500}{3}$；　　(2) $45\,000 - \dfrac{2\,500}{3}$；

（提示：先求达到最大运行速度的时间）.

习题 7-1

1. (1) 一阶；(2) 二阶；(3) 二阶；(4) 一阶；(5) 一阶；(6) 二阶.

2. (1) 是；(2) 是；(3) 不是；(4) 是.

3. $y = \dfrac{3}{2}x^2 + \dfrac{1}{2}$.

习题 7-2

1. (1) $y = Ce^{x^2}$； (2) $Cx = e^{\frac{1}{2}(x^2+y^2)}$；

(3) $y = \dfrac{1}{2}(\arctan x)^2 + C$； (4) $y^2 = C(x-1)^2 + 1$；

(5) $y = C\sin^2 x$； (6) $y = Ce^x$；

(7) $y + x = \tan(x + C)$； (8) $e^{-\frac{y}{x}} = -\ln|Cx|$.

2. (1) $y^2 = \ln x$； (2) $e^x + e^{-y} = 2$；

(3) $\ln y = \pm\sqrt{1 - \dfrac{2}{x}}$； (4) $\tan x \tan y = 1$.

3. (1) $y = (\tan x + C)\cos x$； (2) $y = \dfrac{x}{2}(\ln x)^2 + Cx$；

(3) $y = \dfrac{x}{2} + Cx^{-3}$； (4) $y = \dfrac{1}{x}(e^x + C)$；

(5) $y = (x + C)e^{-x}$； (6) $y = C\cos x - 2\cos^2 x$；

(7) $y = \dfrac{1}{3}x^2 + \dfrac{3}{2}x + 2 + \dfrac{C}{x}$； (8) $x = \dfrac{1}{2}y^3 + Cy$.

4. (1) $y = \dfrac{1}{2}(3e^x - e^{-x})$； (2) $y = 5x - 2$；

(3) $y = \dfrac{1}{2} - \dfrac{1}{x} + \dfrac{1}{2x^2}$； (4) $2x\cos y = \sin^2 y$.

5. $f(x) = -2e^{\frac{1}{2}x^2} + 2$.

6. $xy = 6$.

7. $y = \dfrac{C}{\sqrt{x}}$ 或 $y = C\sqrt{x}$.

习题 7-3

1. (1) $y = \dfrac{x^2}{2}\ln x - \dfrac{x^2}{4} + C_1 x + C_2$； (2) $y = e^x - \cos x + \dfrac{C_1}{2}x^2 + C_2 x + C_3$；

(3) $y = \dfrac{1}{3}x^3 + \dfrac{C_1}{2}x^2 + C_2$； (4) $y = \dfrac{C_1}{3}x^3 + C_1 x + C_2$；

(5) $y = \pm\dfrac{2}{3C_1}(C_1 x - 1)^{\frac{3}{2}} + C_2$； (6) $y = -\dfrac{1}{2}x^2 - x + C_1 e^x + C_2$；

(7) $y = (C_1 x + C_2)^{\frac{2}{3}}$； (8) $y = -\ln|\cos(x + C_1)| + C_2$.

2. (1) $y = x^3 + 3x + 1$；　　　　　　(2) $y = \dfrac{1}{2}x^2 + \dfrac{3}{2}$；

(3) $x = -\dfrac{1}{2}e^{-y^2}$.

习题 7-4

1. (1) $y = C_1 e^{2x} + C_2 e^{-2x}$；　　　　(2) $y = C_1 + C_2 e^{4x}$；
(3) $y = C_1 \cos 2x + C_2 \sin 2x$；　　　(4) $y = C_1 e^{-2x} + C_2 e^{6x}$；
(5) $y = C_1 e^{-2x} + C_2 e^{4x}$；　　　　(6) $y = (C_1 + C_2 x) e^{3x}$；
(7) $y = (C_1 + C_2 x) e^{-\frac{1}{2}x}$；　　　　(8) $y = (C_1 + C_2 x) e^{6x}$；
(9) $y = e^{-x}(C_1 \cos \sqrt{2}x + C_2 \sin \sqrt{2}x)$；
(10) $y = e^{x}\left(C_1 \cos \dfrac{1}{2}x + C_2 \sin \dfrac{1}{2}x\right)$.

2. (1) $y = 4e^{x} + 2e^{3x}$；　　　　　　(2) $y = e^{-x}(\cos \sqrt{2}x + \sqrt{2}\sin \sqrt{2}x)$；
(3) $y = (7 - 3x) e^{x-2}$；　　　　　(4) $y = 2\cos 2x + 3\sin 2x$.

3. (1) $y^{*} = Ax^2 + Bx + C$；　　　　(2) $y^{*} = x(Ax + B) e^{2x}$；
(3) $y^{*} = x(Ax + B) e^{x}$；
(4) $y^{*} = x[(Ax + B)\cos \sqrt{3}x + (Cx + D)\sin \sqrt{3}x]$；
(5) $y^{*} = A\cos x + B\sin x$；　　　(6) $y^{*} = Ax^3 + Bx^2 + Cx + D$.

4. $y'' = 0$；

5. $y'' + 2y' + 5y = 0$.

第七章　复习题

1. (1) ACDCD.

2. (1) $y = -\dfrac{1}{1 + x^2}$；　(2) $y = \dfrac{3}{2}x^2$；　(3) $y = C_1 e^{-x} + C_2 e^{-4x}$.

3. (1) $y = -\dfrac{1}{1 + x^2}$；　(2) $y = \dfrac{3}{2}x^2$；　(3) $y = -\dfrac{2}{5}\cos x + \dfrac{1}{5}\sin x + C_1 e^{-x} + C_2 e^{-3x}$；

(4) $y = \dfrac{1}{16}x + \dfrac{1}{32} + \left(\dfrac{1}{2}x^2 + C_1 x + C_2\right) e^{4x}$.

4. $v = 10 e^{-\frac{k}{m}t}$，其中 $\dfrac{k}{m} = \dfrac{1}{20}\ln \dfrac{3}{5}$.